资源节约与环境保护丛书

生态系统 的 可持续 发展

——基于内蒙古部分地区的对策研究

SUSTAINABLE DEVELOPMENT OF ECOSYSTEM:
Based on Countermeasures of Some Areas in Inner Mongolia

凯 歌◎著

本书得到国家自然科学基金青年项目"内蒙古草原植被生态系统的高维非线性动力学研究"（项目编号：11902163）、中国博士后科学基金第66批面上资助"西部地区博士后人才资助计划"项目"内蒙古牧区草原生态经济系统的非线性动力学研究"（项目编号：2019M660003XB）、中国博士后科学基金第13批站中特别资助"内蒙古半干旱地区牧草生态经济系统的生态阈值和高维非线性动力学研究"（项目编号：2020T130328）等项目的支持；本书出版还受到了内蒙古工业大学"材料科学与工程"博士后科研流动站的资助。

经济管理出版社
ECONOMY & MANAGEMENT PUBLISHING HOUSE

图书在版编目（CIP）数据

生态系统的可持续发展：基于内蒙古部分地区的对策研究/凯歌著 . —北京：经济管理出版社，2021.6

ISBN 978 - 7 - 5096 - 8106 - 0

Ⅰ. ①生… Ⅱ. ①凯… Ⅲ. ①生态系—可持续发展--研究—内蒙古 Ⅳ. ①X171.1

中国版本图书馆 CIP 数据核字（2021）第 131140 号

组稿编辑：王光艳
责任编辑：魏晨红
责任印制：黄章平
责任校对：王淑卿

出版发行：经济管理出版社
　　　　　（北京市海淀区北蜂窝 8 号中雅大厦 A 座 11 层　100038）
网　　址：www. E - mp. com. cn
电　　话：(010) 51915602
印　　刷：唐山昊达印刷有限公司
经　　销：新华书店
开　　本：720mm × 1000mm/16
印　　张：12.75
字　　数：116 千字
版　　次：2021 年 7 月第 1 版　　2021 年 7 月第 1 次印刷
书　　号：ISBN 978 - 7 - 5096 - 8106 - 0
定　　价：68.00 元

前　言

　　本书主要的研究背景是生态系统的可持续发展与对内蒙古部分地区的对策建议。自然生态系统为地球上的人类提供食物、原材料和水，也为人类提供调节气候、保持土壤、防护灾害和旅游娱乐等福祉。量化分析以土地利用变化情况为代表的人类活动对生态系统的影响，统计分析人类福祉与生态系统之间的耦合关系，将生态系统服务管理融入政策的制定过程中，是实现兼顾社会经济发展和生态环境保护目标的有效途径。本书利用生态系统的可持续发展理论对内蒙古地区的局部具体问题进行分析并提供对策。

　　本书在"十四五"的大环境下"优化区域经济布局，促进区域协调发展"，"推动绿色发展，促进人与自然和谐共生"，以高质量发展为核心，统筹推进社会经济与生态建设共同发展。从理论价值方面来讲，本书以可持续理论、均衡发展理论、城市化理论为理论基础，为内蒙古部分地区生态系统的可持续发展与协调发展提供相应对策和建议。通过使用科学的方法，从而实现对土地资源的保护和利用，森林生态系统在经济社会可持续发展，同时提高经济发展水平，促进社会和环境的协调发展。大力发展新能源，继续打好污染防治攻坚战，从而实现自然协调性、经济连续性和社会持续性的统一；逐渐响应国家的可持续发展理念，全面适应可持续发展、节能减排的国际宏观环境，积极实施煤矿生态环境治理战略，努力实现"美丽中国"的目标。

　　本书的实践价值是对内蒙古部分地区生态系统的可持续发展与协调发展提供

相应对策和建议。对煤炭矿区、土地利用、房地产业、森林生态系统及草原生态系统等进行了分析并对其进行了优化和调整，协调经济发展与生态环境建设之间的关系，能够使地区得到更好的发展；提出了相应的对策，解决人与自然的和谐问题，实现经济与环境的共赢。本书结合地区特点，发挥出地区发展的潜力，最终可以使内蒙古部分地区的生态环境得到治理，生态系统得到综合利用，做到区域经济、社会、生态三个主要效益相结合的统一，这有利于区域经济繁荣、社会安定、生态环境健康，真正实现经济社会长久的和谐发展。

本书的主要研究内容有以下几个部分：以鄂尔多斯市为例研究了煤炭矿区生态环境治理与修复问题、鄂尔多斯市造林总场森林生态系统服务功能价值评估、内蒙古大青山自然保护区生态服务价值评估与建设、赤峰市土地利用结构演变及合理利用途径分析、以包头市为例研究经济新常态背景下房地产业可持续发展情况及对策、呼和浩特市土地利用结构变化及可持续利用对策研究、以乌海市为例研究资源型城市土地利用时空演变及驱动机制分析、以鄂尔多斯市为例研究内蒙古地区土地资源可持续利用对策、库布齐沙漠地区植被风蚀动力学模型求解及因子分析、内蒙古地区土壤水分动力学模型的求解及其因子分析。

目　录

0 绪 论

0.1 课题研究背景与意义

自然生态系统为地球上的人类提供食物、原材料和水，也为人类提供调节气候、保持土壤、防护灾害和旅游娱乐等福祉。目前，疾病流行、战略资源争夺、区域环境时空污染、粮食安全保障、气候变化、贫困与可持续发展等一系列日益严重的全球问题的核心都是人类社会经济活动与生态环境之间的关系问题。量化分析以土地利用变化为代表的人类活动对生态系统的影响，统计分析人类福祉与生态系统之间的耦合关系，将生态系统服务管理融入政策的制定过程中，是实现兼顾社会经济发展和生态环境保护的目标的有效途径。近年来，全国土地生态系统的平衡遭受破坏，土地生态的可持续性和安全健康状况受到重创，整体生态环境堪忧。

可持续发展理论的含义是既能维持当前发展需要而又不损害后代人维持其发展的需要。同时，该理论还包含着保护资源、科学利用资源和提升自然资源的基础三个方面，为生态抗压能力和社会经济的增长提供支撑。可持续发展理论在发展规划和政策中注重对环境的思量，而不是单纯地在援助或发展资助方面提供一些附加条件。可持续发展理论有两个方面的意思，即"需要"和对需要的"限制"。前者是指要先维持现有人口的基本需求；后者则是指对未来环境能够构成损害的限制，这条"红线"要是被超过，必定会威胁到支持地球生命的自然系统，如气候、水系、土地和生物。决定这两个因素的关键性原因有三点：一是收入再分配，这是防止人们由于短期的需求去无节制地开发利用自然资源；二是提高人们抵御天灾人祸的能力，尤其是对生活在贫困边界的人，他们在面临自然灾害和农产品市场价格下降等情况时显得很弱小；三是提供卫生、教育、水和新鲜空气等可持续生存的基本条件，保障和满足社会弱势群体的基本需求，为所有群体，特别是为弱势群体提供发展的同等机会和选择自由。它的要求是：自然与人和谐相处，意识到对自然、社会和子孙后代要承担的责任并有与之相应的道德标准。近年来，党和国家对人与自然和谐关系的探索经历了从认识层面到要求和部署层面的高度提升，国家要求加强资源开发地区生态保护修复治理，启发我们对土地生态安全和可持续发展问题进行深度思考。

国外生态治理修复制度的创设比较早，大约在 20 世纪 70 年代，国际上生态修复理念就开始萌芽，经过了长时间的理论和实践发展，生态修复理念也日臻成熟，对生态修复法律制度的研究也取得了一系列的成果，具体体现在以下几个方面：其一，生态修复的概念厘定。生态修复的概念厘定具有代表性的说法主要有以下几种：美国自然资源委员会的官方解释是，生态修复是将受损害的生态系统修复到损害之前的状态。美国学者 Jordan（1995）对生态修复的观点是，通过人工干预，修复到受损之前或者历史上的常态。还有学者认为，生态修复是使生态系统的结构和功能恢复到受损之前的健康状态。显然以上观点包含着强烈的主观色彩，偏向理想主义，在现实中是难以实现的。以"生态恢复"为研究基础，经过理论的酝酿与实践的进步，国际生态学会最终为生态修复需下了三个定义："将生态修复界定为：修复被人类损害的原生生态系统的多样性及动态的过程，维持生态系统健康及更新的过程和帮助研究生态整合性的恢复和管理过程的科学。"

SCEP（Study of Critical Environmental Problems）发表的《人类对全球环境的

影响报告》中首次提出生态系统的服务功能，并列出了自然生态系统的"环境服务功能"，如气候调节、物质循环等。在经济合作与发展组织（OECD）环境项目的经济评价中，认为自然资本的总价值由直接使用价值、间接使用价值、选择价值、遗传价值和存在价值构成。自 Holder、Ehrlich（1974）等对全球环境服务功能、自然服务功能进行研究后，生态服务功能的概念被正式提出。Daily 和 Costanza 等将生态服务价值的研究推向高潮，Daily 对生态系统服务功能进行了系统的研究，并发表了论文集 *Nature's Service：Societal Dependence on Natural Ecosystem*。1997 年，Daily 将生态系统服务功能定义为生态系统与生态过程所形成与维持人类赖以生存的自然环境条件与效用。Costanza 和众多生态学家、经济学家一起，对全球生态系统服务功能进行了系统研究。他把全球生态系统划分为湿地、海洋、草原等 15 种类型，把生态服务价值划分生态系统的服务功能分为气体调节、气候调节、水调节、涵养水源、土壤形成、营养循环、废物处理、栖息避难、文化、娱乐等 17 种类型，以货币的形式对生态服务价值进行估算。

联合国发表的"21 世纪议程"标志着国际上关于土地利用变化的研究正式开始。国际地圈生物圈计划（IGBP）和全球环境变化人文领域计划（IHDP）联合提出"土地利用/土地覆被变化"研究计划。IGBP 和 IHDP 又共同合作，发表了新研究成果《LUCC 研究实施策略》，它们强调了 LUCC 的研究必须和可持续发展联系起来。自此，国外专家学者展开了大量研究。土地利用导致土地利用的变化，国外许多专家学者对土地利用的动态变化进行了各项研究，如 Guan 等。国外的研究也有针对土地利用变化驱动力研究。国际应用系统分析研究所（IIASA）启动了"欧洲和北亚土地利用/土地覆被变化模拟"项目，该项目通过分析自然条件和人类的活动的土地的影响，并且预测了研究区未来 50 年土地利用的变化趋势。也有研究表明，人口因素和土地利用变化之间有极其复杂的关系。有学者提出，必须在全球范围内，在不同的区域内进行土地利用变化的研究，才能对 LUCC 驱动因子进行较全面的综合研究。

0.2 研究现状

现基于对生态系统的研究分三个方面进行现状分析，主要是对国内外热点进行归纳。一是生态系统治改修复国内外相关研究的现状分析；二是生态系统服务价值评估的现状分析；三是土地利用可持续发展的现状分析。

0.2.1 生态系统治理修复国内外相关研究现状分析

生态修复的概念就不同的专业、领域有不同的含义。就法学领域而言，在概念使用上，李挚萍认为，环境损害和生态损害没有区别，所以她一直使用"环境修复"的概念。而魏旭认为生态修复包括"环境修复"，"生态修复"应视为"环境修复"的上位概念。在概念厘定上，吴鹏认为"生态修复在法学领域其实可以视为一种补偿行为，修复主体通过人工干预的方式对受损生态环境进行修复，其实就是对环境受损方环境权益和生存发展权的补偿"。在生态学上，生态修复也有其他含义，有学者认为生态修复主要针对被污染的生态系统，是相对于污染环境而言的。也有学者将生态修复作为生态恢复的加速手段。无论是法学领域还是生态学领域，对生态修复的定义都包含着本领域的相关技术特点，对研究生态修复有着重要的意义。

生态修复的目标。生态修复目标的设立是集多种因素于一体的，李挚萍认为，目前我国生态修复的目标过于追求短期效益，过多地局限于客户利益需求之内，未作长远之计。在进行环境修复时，不应仅仅注重对环境要素的修复，同时也应注重对人与自然关系的修复。吴鹏认为，生态修复的最终目的是生态修复，是维持自然生态系统和社会经济生态系统的平衡。王欢欢在探究土壤生态修复时提出，为实现土壤污染修复目标，应当引入风险评估制度，确定标准值并用实际值进行测算与其对比。罗康隆研究的是不同民族的文化对生态修复的影响，认为在不同的文化背景下，生态修复的实践效果也会有所不同，当进行生态修复时，应当注意民族文化背景、风俗习惯等因素的影响。

在完善生态修复法律制度方面，生态修复法律制度的完善是生态修复法律制度的核心内容，研究多种类型的生态修复法律制度建议，可以为湿地生态修复法律制度的完善提供多方位、多角度参考，目前对生态修复制度的完善建议主要体现在两个方面：一方面，有的学者主张制定专门化的生态修复法律制度。方印认为，目前我国的生态修复法律制度相对来说比较零散，一般是附庸于别的法律制度之内，未形成完整的系统，而生态修复法律制度应当集技术性与制度性规定于一体，因而有必要出台一部系统的、专门性的生态修复法律制度。另一方面，有的学者主张对现行的生态修复制度加以完善。李挚萍认为，需要完善现行的生态修复制度，明确规定生态修复是政府及造成环境污染和破坏者的一项法律义务，并建立生态修复义务落实的路径和措施，建立社会广泛参与的生态修复机制及生态修复的基金保障和责任追究机制。Leopold 是世界上最早开展生态恢复试验的学者，在1987年他恢复了一个 $24hm^2$ 的草场，该草场位于美国威斯康星大学的植物园。当今社会环境问题广泛受到欧洲、北美和中国的关注，"恢复生态学"这个科学术语首次被 Aber 和 Jordan（1987）提出，并同时提出了成立国际生态恢复学会，在权威杂志《科学》设专栏发表了6篇与有生态学恢复有关的论文。美国生态学会将恢复生态学作为生态学五大优先关注领域，这标志着国际城市生态修复理论的形成，同时加快了城市生态修复理论和时间的发展。可持续发展理念也顺势加入，在理论上表现出多学科交叉的形势，在空间上，表现出区域间的生态修复，在景观层面上，表现出单个生态要素向整体转变的过程。2006年，Wallian 和 Katw 针对海岛的生态系统修复，从技术、资金和政策等角度进行了系统的研究，提出了海草、珊瑚等重要生态的修复原则及栖息地选择标准。城市生态修复在我国起步较晚，小规模的矿山、林地、荒山等修复治理项目开始在各地相继自发开展。

我国在生态修复工作开始后，有许多学者对此进行了研究，例如，王如松等

（2000）将城市生态系统理论的重点放在了城市的修复与保护上，此时，全国范围内研究城市修复的学者不断增多；在这期间，除了理论研究，也做出了相应的实践，生态环境修复工程开始逐渐在全国范围内开展，其中比较著名的有"三北"防护林的生态工程建设、位于太行山上的绿化工程以及沿海防护林工程等生态建设。城市生态修复当今已经成为中央政府在历次工作会议中重点提到的部分，这一情况标志着我国对生态修复重视程度的提高，与其相关工作也已开始进展。城市生态修复成为我国"城市双修"的重要举措。目前，国内的各个城市积极响应政府号召，将生态修复提到了重要位置。

在 2001 年哈尔滨市博物馆广场改造设计中，蔡新冬等分析了拆除老旧建筑引起的破坏原有传统风貌和空间格局问题，提出了"城市修补"的理念，通过小规模渐进式的方式达到城市保护与发展的平衡，并通过整合空间形态、梳理交通路线、营造场所氛围等来达到区域的良性发展。吴越在浦东的两次规划实践中通过对新城建设进行微观层面上的分析得到了功能设置过于单纯、缺乏街道生活、空间尺度过于巨大等问题，强调以城市修补的方式激活片区，增强土地功能混合性，重建城市街道生活，建立适宜的步行空间，从而达到片区品质和特质的提升。陈又萍等在论现代城市规划"修补"方法中分析了当前规划所面临的问题，主要包括配套不足、交通拥堵、文脉断裂、规划整合等，并提出了"修补"型规划的探索，建立了一个行之有效的公共服务评价体系、建立了一个"资金就地平衡"的遗产评估保护方法、建立了一套相关规划协调整合的技术体系，使得讨论与规划管理工作紧密结合，从而建立了"修补"型规划方法，以避免太大的规划变动。

2016 年，张晓云等在铁西区卫工明渠沿线规划中，提出了在工业遗产保护利用中融入城市修补的规划理念，并提倡文脉修复、历史传承，通过对城市功能人群的织补以及特色空间的创建实现旧城更新。徐晓曦在对宁波市郭江镇中心镇区的城市设计中将"城市修补"运用到特色小镇的旅游适应性研究中，通过采取"小尺度渐进"的更新方式，划分出自然生态修复、建成环境修补、人文精神复兴三个部分，同时进行实践验证。

生态系统通过内部各部分之间以及生态系统与周围环境之间的物质和能量的交换发挥着多种多样的功能，并直接和间接地为人类提供水土保持、防风固沙、水文调节、调蓄洪水等多种服务。良好的生态环境是建立可持续发展社会的基础，受到不合理的人类社会经济活动的影响，我国生态系统退化严重，部分地区生态功能严重退化甚至完全丧失，在很大程度上减弱了生态环境对社会可持续发展的支撑作用。以治理日趋恶化的生态环境，修复和重建退化乃至完全毁灭的生态系统为目标，中华人民共和国成立以来，中国已经批准和实施了一大批生态修复工程。虽然早期的生态环境问题有所好转，但新的生态环境问题纷至沓来，部分区域生态系统退化的现象有所改善，但生态系统退化的实质并没有改变，整体生态系统退化的趋势仍在加剧。生态修复实践的快速发展迫使我们思考怎样的恢复才是一个好的恢复，对当前已实施的生态修复工程该如何进行评价。相关研究表明，生态修复评价对于恢复生态学这门学科的发展具有重要的作用，生态修复评价已受到关注，但是得到必要评估、报告修复成功与否并从中学习经验的修复项目较少。尽管通过努力对一些生态修复工程进行了评价，但是由于修复目标不实际，修复计划不充分，对于修复成功评价缺乏明确和定量化的标准，缺少对修复工程的生态理解，且受社会、经济和政治等因素的限制，大部分修复工程被认为是不成功的。

0.2.2 生态系统服务价值评估的现状分析

我国学者针对生态系统服务价值的展开研究与评估是从 20 世纪 90 年代正式开始的，较早进行研究的是傅伯杰针对土地生态系统的结构复杂性、动态开放性、自然活跃性、与人类密切相关性等特征进行了归纳，并对土地类型、土地生态系统生产力、土地利用最优化等研究方向进行了总结。同时，受到国外生态系统服务价值研究的影响，国内学者首先对生态系统服务功能、生态价值评估方法进行了系统的阐述。2000 年，欧阳志云等先后发表文章对生态系统服务功能的提出与发展的脉络进行梳理，生态系统功能内涵展开讨论，通过功能价值法对我国陆地生态系统部分生态服务价值进行估算。辛琨、孙刚等就生态系统服务功能分类与价值分类形成了一些新的观点。薛达元引入条件价值法对长白山生物多样性的价值进行支付意愿调查，这是第一次利用环境核算方法对长白山森林生态系统间接经济价值进行评估。

2016年，韩晔对西安都市圈农田生态系统服务价值进行了讨论，发现其生态系统服务价值不断增加，各单项服务之间存在此消彼长的关系，存在较大的空间差异而且空间权衡明显。李会杰等对平顶山地区城郊草莓地的休闲娱乐生态服务价值进行了研究，发现休闲农业的社会需求不断强化，指出在土地利用规划中要重视和充分挖掘文化服务功能。成波等基于河道来水量来计算农田生态系统服务价值，并建议通过来水量年内分配、水权交易、生态补偿多种手段实现河道生态基流保障。杜倩倩等对北京怀柔区实地调研后，采用价值当量法进行了评估，发现林地的年均吸收二氧化碳可交易价值较高，并就森林的生态补偿覆盖不全、资金来源单一提出了建议。陈花丹等发现涵养水源、生物多样性保护、固碳释氧价值是福建森林生态系统的主要服务价值，可通过改善林分种植情况增加森林生态服务价值。杨青等从生态系统贡献者视角构建了基于能值的非货币量森林生态系统服务价值核算方法，克服了现有研究存在的重复计算、能值转化率使用不当等问题。吴强等以马尾松林为例，精准计算了其固碳、水源涵养、固土保肥、生物多样性等服务价值，并构建了生态补偿算法。

2017年，在草地生态系统方面的研究主要有：赵苗苗等对青海省草地生态系统进行了价值评估，并开发出相应的数据—模型平台，实现了评估的全面化、动态化和科技化，结果显示草地生态系统服务价值均值为2936亿元，是青海省全省GDP的1.55倍，每公顷达92.87万元。童李霞建立了基于30m分辨率遥感影像的草地生态服务价值评估技术方法，利用生态参数与服务功能质变的关系，得出食物生产、气体调节、涵养水源、侵蚀控制功能价值并分析空间异质性特征。张翼然等对全国各湿地案例点的生态系统服务价值进行了对比分析，结果显示不同服务功能价值量中最高的是调节气候功能，其次为调蓄洪水、涵养水源、净化水质、保持土壤、产品供给等功能，固碳、释氧、生物栖息地、旅游休闲、科研教育价值较低。周文昌等对神农架林区中大九湖湿地进行了生态系统服务价值评估，采用功能价值法评估 8 项服务功能价值，得出总价值量为 6.53 亿元，调蓄洪水、土壤保持和休闲娱乐功能价值占总价值的 88.94%，并提出湿地萎缩和功能退化与人类社会对湿地生态服务的认识程度有着密不可分的联系。生态系统服务作为一项重要的自然资源，是由生态系统产生并维持的，且已成为人类目前赖以生存和发展的重要环境条件。生态系统服务价值是基于可量化的标准对生态系统服务进行量化所得到的用于衡量和表征生态系统生态产出的指标。学术界基于 Costanza（1997）对全球生态系统服务价值的估算，掀起了对生态系统服务进行价值评估的热潮。截至目前，学术界关于生态系统服务价值评估的方法主要分为三类：第一类是能值分析法，它通过评价系统的生态环境指标和社会经济发展等相关指标，来实现对生态系统运行水平和效率的量化。通过把不同形式的能量向统一标准的能值转换，将生态学与经济学联系起来，丰富了生态系统服务的量化研究方法。第二类是物质量评价，它是从物质量的角度来对各项生态系统服务进行综合评价，其优点一是能够客观反映生态系统服务物质量的动态水平及其可持续性；二是对大尺度空间下的生态系统服务价值评估更有意义。缺点是单位量纲的不同导致加和汇总计算困难并且很难直观判断。第三类是价值量评价，它主要是从价值量的角度对生态系统提供的各项生态系统服务进行综合评价。该方法能够得到某生态系统类型的各项生态系统服务的综合值。由此，市场价值法、机会成本法、影子工程法、人力资本法、旅行费用法、条件价值法、当量因子法等相关生态系统服务价值评价方法被用来衡量某一生态系统类型的生态系统服务价值。其中，当量因子法以其简便性和数据的较易获取性广为使用，且能够得到区域内部各种生态系统类型的各项生态系统服务的综合价值，它是一种基于可量化的标准，通过构建不同生态系统类型各项生态系统服务的价值当量，然后再结合生态系统的面积进行评估的方法。

市场价值法是在生态环境发生变化的情况下，基于产品市场价格的波动，根据其所带来的产品产值和净利润的变化情况来衡量和表征其经济损失，从而实现基于市场价格对生态系统的生态产出进行估价的一种方法。机会成本法主要是在不考虑市场价格的情况下，生态系统中资源的使用成本以为保护资源而放弃的最大效益即替代用途的收益来估算的一种方法。影子工程法是运用建造代替原来生态环境的工程费用来估算原有生态环境破坏所带来的经济损失。人力资本法主要决定于市场价格和工资的多少，据此来确定个人对社会的潜在贡献，从而估算生态环境的变化对人体健康影响的损失。旅行费用法是对无价格商品通过旅行费用来确定某一项生态系统服务变化所带来的收益变化，从而估算其价值的一种方法。条件价值法则主要通过与人们交流，以询问的方式来得知人们对某种公共商品的支付意愿，从而得到其价值的一种方法。

0.2.3　土地利用可持续发展的现状分析

我国对土地利用可持续发展的研究是在国外研究的基础上，跟随国家飞速发展的步伐而顺应开始的。近年来，我国经济发展经历了很多挑战后逐渐进入新常态，城市化向前挺进的步伐日益加快，国土空间规划轮番展开，土地生态和土地利用可持续发展问题渐渐成为学者们研究的热点。刘润萍研究了广州市城市土地可持续利用的问题，姚喜军等则是对内蒙古自治区的土地利用可持现状进行了评价，二者的研究有共同点，如都分析了土地利用在数量、质量、时空变化等方面的情况，都总结出了所研究区域土地利用的特征和缺陷，都从如何更加优化土地利用方式和结构等角度提出了相关建议。

二者研究的不同点，也是当前国内学者之间研究的不同之处，体现在评价指标的选取方面，以及数据来源和 GIS 软件操作方法的不同。如何新等的论文选取的指标短而精，每个指标都有固定的计算公式，在计算量上需花费很大工夫，在此基础上论文还将各项指标基于 ArcGIS 软件建立网格进行数据空间化，然后进行空间数据的叠加计算，最终分析研究出北京市平谷区土地生态系统的健康程度和可持续发展状况。

其他学者的研究数据更多来源于统计年鉴或者土地利用现状数据，创新点更多出现在指标权重的确定，比如在 2018 年蒋缠文选取了 16 个指标，采用熵权法和极值标准化方法研究了渭南市的土地可持续利用现状，研究发现该地区存在发展不平衡的问题，而且整体土地利用可持续发展水平低，发展不协调。刘东红等选取了 27 个因素对安徽省土地可持续利用现状进行了评价，采用熵值法和多目标线性加权法最终找到了影响当地土地可持续利用的障碍因子，最终发现安徽省土地可持续利用基本处于临界可持续和基本可持续状态。覃肖良认为，土地利用变化是自然条件改变与人类扰动的集中体现，也是地球表层生态环境变化的参考指标。土地利用覆被变化改变了生态系统的过程、功能与结构，即改变生物多样性，以及碳、氮、水等因子的生物地球化学循环过程，可能引发水环境恶化、土壤质量下降、植被退化及生物多样性丧失等诸多生态环境问题。"IGBP" 与 "IHDP" 共同提出了土地利用/覆被变化研究计划，使土地利用/覆被变化成为全球变化的热点课题。

国内外学者对土地利用/覆被变化的研究主要是在 3S 技术支持下进行的，包括土地利用/覆被的现状及变化研究、驱动因子研究、环境效应研究等土地利用特征及其变化的定量描述是认识并理解土地利用变化特征的有效手段。定量描述土地利用及其变化特征的指标有土地利用区位指数、土地利用程度综合指数、土地利用集中化指数、土地利用多样化指数、土地利用动态度、土地利用状态指数，而对土地利用景观格局的研究指标包括分维数、形状指数、分离度指数等。针对土地利用特征的研究在国内较为多见，大区域尺度的研究包括全国、省级、地市级等，部分学者将研究区划分为若干格网，并以格网为基本单元对土地利用的数量与空间特征进行研究，相较于较大区域的研究格网尺度的研究可以更加有效地挖掘土地利用变化信息，能够更加直观、准确地描述其在时间及空间上的变化。学界运用 Logistic 回归分析法、增强回归树法、主成分分析法、GIS 空间分析方法等对土地利用变化的驱动因子进行了深入探讨。

0.3　研究内容

本书主要针对内蒙古部分地区，对生态系统的可持续发展的对策问题进行了研究。具体章节内容介绍如下：

第1章以鄂尔多斯市为例研究了煤炭矿区生态环境治理与修复问题。鄂尔多斯市拥有丰富的煤炭资源，煤炭工业是鄂尔多斯市的支柱工业。目前，鄂尔多斯市煤炭行业经过多年的发展，正处于向上发展的阶段。在煤矿开发过程中，势必对生态环境造成严重破坏。在煤炭资源开发中，长期的传统粗放型管理模式导致了煤炭资源的严重浪费，以及对水资源的破坏、土壤污染等生态环境的破坏。

第2章研究了鄂尔多斯市造林总场森林生态系统服务功能价值评估问题。森林生态系统是面积最大的陆地生态系统，也是陆地生态系统的主要组成部分，是人类生产发展不可缺少的一部分。本章对2019年鄂尔多斯市造林总场森林生态系统服务功能进行评价得出结论，需要加强森林管理的理念、大力发展森林抚育任务、增加树种类型。

第3章研究了内蒙古大青山自然保护区生态服务价值评估与建设问题。林场树种单一，灌木林数量多，乔木林数量少，且多为成熟林和过熟林；阔叶林、针叶林少。因此，要引进适合当地气候条件的树木品种，让树种的类型更加多样；让树种组成更加合理，并增加乔木林和针叶林的数量。同时，大面积补植生命周期更长的幼龄林，减少成熟林和过熟林，增加生态系统的稳定性。

第4章研究了赤峰市土地利用结构演变及合理利用途径分析问题。土地是人类赖以生存和发展的基础，在人类社会中发挥着极其重要的作用。通过对研究区土地利用结构演变及其合理配置进行分析研究，可以对研究区的整体社会经济结构进行分析，对区域产业结构进行优化，从而促进经济的合理发展。本章针对赤峰市土地利用结构的特点和存在的问题，提出了相应的建议和措施。

第 5 章以包头市为例研究经济新常态背景下房地产业可持续发展情况及对策。经济新常态是指在结构不断优化基础上实现经济可持续发展。伴随着经济新常态的到来，国家为了遏制房价上涨并维持房地产业的平衡与可持续发展，进一步稳固其作为国家支柱型产业的地位，继续发挥其对城镇化、工业化进程的推动作用。本章以包头市为例，通过对其现状及发展过程中存在问题的研究，进一步分析导致问题的原因和影响因素，最后针对以包头市为代表的中小城市房地产经济可持续发展中面临的困难，提出了切实可行的对策和建议。

第 6 章研究了呼和浩特市土地利用结构变化及可持续利用对策问题。随着人地矛盾日趋尖锐、资源短缺等问题的突出，土地利用变化及其效应研究越来越受到人们的重视，土地利用变化引起的效应研究成为当前土地相关领域重要的研究内容。本章对呼和浩特市 2001～2019 年土地利用结构变化情况及影响因素、土地可持续利用对策进行了分析研究。

第 7 章以乌海市为例研究资源型城市土地利用时空演变及驱动机制。通过获取 2000 年、2010 年、2020 年乌海市的土地利用数据影像并使用 ArcGIS 等手段进行处理分析后，得到乌海市在这 20 年间土地利用的时空演变的数据并对其进行对比分析。本书通过对各种土地利用类型的时空演变分析后，发现乌海市作为资源型城市在进行产业转型与城市转型的过程中对土地利用存在的不足，并针对发现的问题提出了一些建议。

第 8 章以鄂尔多斯市为例研究内蒙古地区土地资源可持续利用对策问题。土地资源的可持续利用是区域发展的立足之本，是可持续发展战略的核心内容之一。土地资源既要满足当代人的需要，又要不影响后代人的发展条件。在构建社会主义和谐社会的时代背景下，面对鄂尔多斯土地资源的现状，找到一条切实适合鄂尔多斯市土地资源可持续开发利用的新道路。本章采用极差标准化法、专家打分法、综合效益指数模型等方法对鄂尔多斯市土地进行可持续利用综合评价。

第 9 章研究了库布齐沙漠地区植被风蚀动力学模型求解及因子分析。主要研究了 20 世纪以来，绿洲面积开始减少，荒漠化日益严重，因此相关问题的研究具有重要意义。本章应用动力学模型解决了实际的生态问题。首先，建立植被风蚀动力学模型。其次，利用微分方程的解法，对植被风蚀动力学模型进行求解。最后，进行了主成分分析。经过以上分析，最终表明增加库布齐沙漠地区植被覆盖、减弱风蚀可抑制沙漠化，但需长期执行。

第 10 章研究了内蒙古地区土壤水分动力学模型的求解及其因子分析问题。生态问题与我们的现实生活紧密相连，将动力学模型与生态问题结合起来。本章首先给出土壤水分动力学模型，运用微分方程的理论和求解方法，并且对土壤水分动力学模型进行微分方程求解；其次进行因子分析；最后得到结论，土壤水分和植被之间存在明显的正相关关系，说明土壤水分含量越高，越有利于植被的生长。

1 煤炭矿区生态环境治理与修复问题研究

——以鄂尔多斯市为例

1.1 引 言

鄂尔多斯市拥有丰富的煤炭资源，煤炭工业是鄂尔多斯市的支柱产业。目前，经过多年的发展，鄂尔多斯市的煤炭行业正处于向上发展的阶段，无论是储量还是实际产量均位于全国前列。在煤矿开发过程中，势必会对生态环境造成严重破坏。在煤炭资源开发中，积累了诸多问题，由于小型煤矿居多，且分布较散，长年不注重对环境的保护，传统粗放型管理模式导致了煤炭资源的严重浪费，以及对水资源的破坏、土壤污染、严重荒漠化、大气污染和地质灾害等生态环境问题。

1.1.1 国外矿区生态环境管理经验

1.1.1.1 加拿大矿区生态环境治理经验

加拿大重视开发绿色工业和环保技术，开发"洁净煤炭技术"，用于提高用煤效率，能够让环境承受力维持在一个合理水平。加拿大在废水、固体废物处理和循环利用等方面也占据领先地位。加拿大重视环境评估，环境保护的法律法规非常严格，要扩大煤矿规模或新建煤矿，必须遵守省级立法。必要时，要按照《加拿大环境评估法》进行环境评估。环境评估能够规范采矿，降低对环境的负面影响，如禁止大规模破坏植被和过度开采、规范道路建设、修复采矿区和管理好开采运营。因此，环保产业非常活跃，目前是加拿大的第三大产业。

在环保技术方面，加拿大煤炭工业通过技术创新，解决了地表塌陷、采掘造成的环境破坏等问题，在矿井排水、瓦斯涌出、煤尘、燃煤扬尘等方面取得了有效进展。

1.1.1.2　德国矿区生态环境治理经验

德国通过大量的资金投入对矿区环境进行治理。经过了十几年的高度重视与努力，矿区环境得到了有效治理。主要有以下几种做法：

一是积极发挥政府的作用。德国是联邦政府，要发挥主体责任，承担投资任务，在治理恢复生态环境过程中，联邦政府要扶持鼓励专业治理环境的公司，对各项目进行监督、控制和审查。

二是发展创新技术，科学合理治理。对已经破坏的矿区环境要进行改造与修复，对露天煤矿要改造危险斜坡。首先，从河流引水向矿坑灌水，形成水面，通过湖路改造矿井，对防止塌陷、滑坡等地质灾害可起到一定的作用。其次，对地表水系全面治理，进行综合净化改造，净化水资源。最后，进行全面绿化，恢复生态环境。在综合治理过程中，将矿区改造成自然保护区，利用矿坑改造的湖泊，形成优质旅游资源。

三是科学布局。积极引进新兴企业，整理原有的矿区环境，重新对矿区土地进行规划布局，建设新兴工业园区。

1.1.2　国内矿区生态环境管理经验

国内借鉴了国外煤电联营的管理模式，以同煤大唐塔山煤矿和内蒙古华能伊敏煤电项目为例，它们都进行了煤电合一，实施了合理的资源循环利用，并且减少了对环境的污染。塔山煤矿改变了传统单链，将煤炭生产过程中产生的固废物全部纳入循环链，在不浪费煤炭资源、减少环境污染的前提下得到有效利用：原煤洗出的中煤、末煤可运至发电厂发电或生产甲醇，发电厂的余热可供居民采暖，矸石可运至矸石砖厂；粉煤灰可以生产水泥，再运至材料厂生产新的建筑材料；与煤矿伴生的高岭石经过深加工后，可以作为化妆品和造纸工业的重要原料等。

同时，伊敏煤电具有得天独厚的发展优势，如煤炭和水资源丰富；可通过皮带廊道直接输运至电厂锅炉，代替铁路运输，减少运输环节，节约大量成本；具有环保的优点，发电产生的灰可以用于露天矿回填，覆盖腐殖土恢复植被，排放的水可作为露天矿开采过程中的循环补充水，消除灰场和废水对环境的污染；具有扩建优势，扩建成本低，环境容量充足，煤电生产建设管理经验丰富。绿化投资 2700 多万元，植树 9500 亩。

1.1.3 经验总结

20 世纪初，工业发达国家已经意识到不顾后果地开发矿区会对周边环境造成巨大的影响，因此着手矿区生态环境治理。有着悠久采矿历史的英国、澳大利亚、美国和德国这些发达国家，开始了相关的研究并取得了很大的成绩，20 世纪中期我国才开始生态环境治理工作，但缺少先进的管理经验和技术，因此，我国的矿区治理修复十分缓慢。经过多年的向国外寻求经验以及自身的不断完善，国内的矿区治理才有了很大的起色。

综合国内外的治理经验，有几点需要重视：首先要坚持国家的主导作用，建立健全法制法规，加拿大、德国均先完善了法律规定，我国在监督、预防环节较为薄弱，同时企业也要加强自律规范，提高责任意识；其次要大力鼓励创新技术，国外大量的先进技术为我国提供了宝贵的经验；最后要加强资金的投入，国内的矿区治理长期得不到重视，企业不能只关注短期利润，要意识到生态治理也是矿区建设的重要环节，这样才能得到经济、社会、生态效益的统一。

1.2 鄂尔多斯市煤炭资源开发现状

1.2.1 鄂尔多斯市概况

鄂尔多斯位于内蒙古自治区西南部，北纬 $37°35'24''$ ~ $40°51'40''$ 和东经 $106°42'40''$ ~ $111°27'20''$，位于高原腹地。鄂尔多斯市地势复杂，西北高东南低，黄河经过东、北、西三面。鄂尔多斯市有五种地貌类型，平原仅占总土地面积的 4.33% 左右；丘陵山区占总土地面积的 18.91% 左右；高原所占比例最大，约为 28.81%；毛乌素沙地和库布其沙漠分别占鄂尔多斯总土地面积的 28.78% 和 19.17%。

2019 年，鄂尔多斯市生产总值为 3605.0 亿元。从三大产业来看，第一产业增加值为 123.7 亿元，同比增长 1.5%，对经济增长的贡献率为 1.3%，拉动国内生产总值增长 0.1 个百分点；第二产业增加值为 2092.3 亿元，同比增长 4.3%，对经济增长的贡献率为 63.8%，拉动国内生产总值增长 2.5 个百分点；第三产业增加值为 1389.1 亿元，同比增长 3.6%，对经济增长的贡献率为 35.0%，拉动国内生产总值增长 1.4 个百分点。图 1-1 为 2015 ~ 2019 年鄂尔多斯市地区生产总值和第一、第二、第三产业的变化趋势。

1.2.2 煤炭资源概况

鄂尔多斯市煤炭丰富，且分布广泛，含煤面积约 61000 平方千米，占全市陆地面积的 70% 以上，探明储量 2102 亿吨。鄂尔多斯煤炭资源不仅储量大、分布广，而且煤质品种齐全，有褐煤、长焰煤、瓦斯煤等，且多数埋得较浅，易于开采。

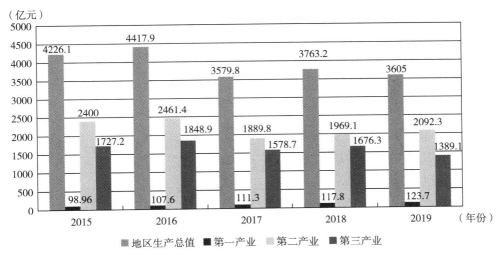

图 1-1 鄂尔多斯市主要经济指标情况

鄂尔多斯市相比全国其他煤炭开采地方开发历史较短，全市现有煤矿 333 座，预计生产能力为 8.38 亿吨/年，煤炭产销量在 6.6 亿吨左右。全市除了有电力和火力机械作为基本的生产，还配置了新能源机械，作为煤炭转型的新途径。鄂尔多斯市具有丰富的自然资源且拥有国内大型的煤炭基地，国家给予了重视。鄂尔多斯市也把握了机遇，大力发展了煤炭行业，到 2021 年，鄂尔多斯市煤炭行业增长 42.6%，工业生产消费原煤 8013.8 万吨，煤炭、能源化工、电力三大行业是原煤消费主体，共消费原煤 7500.7 万吨，占全市工业生产原煤消费量的 93.6%。煤炭行业实现利润 425.9 亿元，为全市经济发展提供了有力的支撑。

1.3 煤矿开采对生态环境造成的破坏影响

1.3.1 水资源的破坏

一般来说，煤炭资源型城市发展一直把水资源作为发展的瓶颈，而鄂尔多斯市地处我国西北部，典型的干旱、半干旱温带大陆性气候，降水很少，年降水量150~350毫米，年蒸发量2000~3000毫米，水资源匮乏。仅毛乌素沙地和库布其沙漠就占鄂尔多斯土地面积的47.95%，用水较为紧缺。表1-1是鄂尔多斯市各年份的供水量。

表1-1　2010~2019年鄂尔多斯市的供水量　　　　单位：亿吨

年份	地表水	地下水	其他水源	总供水量
2010	7.053	9.187	0.0741	16.3141
2011	6.9176	9.4844	0.1766	16.5786
2012	7.2356	8.6239	0.1821	16.0416
2013	6.4585	8.9836	0.4718	15.9139
2014	5.4986	9.5981	0.6023	15.699
2015	5.8852	9.2122	0.587	15.6845
2016	5.9055	9.0092	0.7433	15.658
2017	5.6496	8.9945	0.7527	15.3968
2018	5.6517	9.2015	0.7592	15.6124
2019	5.5899	9.6872	0.7851	16.0622

由表1-1来看，鄂尔多斯市每年的供水量绝大多数来源于地下水，并且水资源较为稀少，根据分析，挖掘1吨煤会直接破坏2.48吨的水资源，因此，预计到2021年，当鄂尔多斯煤炭产量达到7亿吨时，17.36亿吨水资源将被破坏，占水资源总量的37%。鄂尔多斯市煤炭生产能力估计为8.38亿吨/年，煤炭产量的增加可能会加剧水资源破坏。

我国煤矿每年排放的废水约占全国总量的25%，使本已匮乏的水资源流失得更加严重。洗煤工艺是提高煤炭质量的一项必不可少的工作，通过水流的冲击作用，除去尘土和废石，但排出的废水会对环境造生严重的危害：洗煤水中的药剂具有毒性，对周围土地和人体健康将造成巨大的伤害；废水流入农田，会导致农业减产，进入河流和湖泊会抑制鱼类生长，甚至死亡。

综上所述，煤矿开采的过程必然对水资源造成严重的破坏，水资源被破坏将是影响鄂尔多斯市煤炭发展的最主要的问题，如果鄂尔多斯市水资源的紧缺程度加剧，将不利于鄂尔多斯市的可持续发展，所以必须采取相应对策，加强在开采煤炭资源中水资源的综合利用和治理环境污染的力度。

1.3.2　土壤的污染

煤炭的开采分为井上和井下，在露天煤矿开采过程中，毁坏了大量植被，土地的复垦率逐渐降低，土壤中的营养物质流失，土壤变得越来越贫瘠，今后无法在上面耕作或种植植物，土地生产力降低，土壤被侵蚀、破坏。在煤炭开发利用过程中，不可避免地会对矿区生态环境产生破坏，造成土壤结构的扰动，对土壤里微生物的活性以及有机碳的积累产生影响，尤其是煤矸石的产生，大量堆积在周边的土地上污染了矿区环境。

1.3.3　恶劣的荒漠化生态环境

鄂尔多斯市的毛乌素沙地和库布其沙漠是水土流失严重的地区，生态环境极其恶劣。以神东煤炭矿区为代表，神东矿区北部为风蚀成土地，被极度地沙漠化。煤田还未开发时，就已经是自然植物稀少，植被覆盖低的地方。鄂尔多斯市绝大多数煤炭矿区在历史上都曾经是农牧业交错区域，长期的过度放牧以及不科学的农耕对鄂尔多斯市的生态环境造成了高强度压力，生态系统开始退化，甚至会面临崩溃的局面。矿区开发以后，该区域生态环境更加承受了超出其抵抗力的干扰，从而加剧了矿区生态环境退化。神东煤炭矿区的问题也是鄂尔多斯市绝大多数矿区的问题，由于过度开采、放牧、农耕造成土壤肥力下降，植被减少，不及时治理造成风沙不断，荒漠化严重。

1.3.4 煤尘和粉尘的排放对空气的污染

煤炭从开采到消费对空气的污染是贯穿全程的：一是煤炭开采过程产生的废气，尤其是露天煤矿产生的大量的极细小煤灰和扬尘，还有有毒气体，对矿区大气环境造成巨大污染。开采出来的煤矸石在外力作用下，会风化、氧化和自燃，在选煤、洗煤工艺中也会产生大量煤尘。二是煤炭装卸和运输过程中产生的扬尘，过去这个过程没有经过任何的防护措施，在矿区及煤车经过的地方造成大量的煤尘、粉尘，地方监管力度不足。三是煤炭的消费所造成的空气污染，煤炭用于火力发电、工业和家庭炉灶等，鄂尔多斯市在社会经济快速发展的同时，煤炭的消费量也在逐年上升，煤炭、能源化工、电力三大行业带动了煤炭消耗量的大幅增加。

1.3.5 引发地质灾害

矿区煤炭挖掘造成滑坡、泥石流、地面沉降等重大地质灾害。鄂尔多斯地区因开采煤炭，造成许多人工改造的地形地貌，草原和耕地面积逐渐减少，又因为开采方式采用露天和井下同时进行，山体被掏空，造成大规模的可利用土地减少和生态环境破坏，容易引发地质灾害。地表沉陷是最主要的地质灾害，煤炭的开采会造成矿区大面积沉陷，近些年鄂尔多斯市煤炭矿区的开采方式主要为井下开采，煤炭开采使土地资源处于一个难以利用的状态（见表1-2）。

表1-2 鄂尔多斯市主要煤矿区地面塌陷情况调查汇总

矿区	塌陷坑（个）	塌陷规模	占塌陷总面积的百分比（%）	2013年底塌陷面积（平方千米）	2007年底塌陷面积（平方千米）	增减幅度（平方千米）
准格尔矿区	258	巨型	5.6	11.52	4.03	7.49
东胜矿区	121	巨型	57.5	117.70	32.62	85.08
桌子山矿区	19	大型	2.6	5.40	17.27	−11.87
海勃湾矿区	8	大型	2.0	4.18	32.04	−27.86

1.4　矿区生态环境治理的意义

　　煤炭资源是一次性能源，在我国的工业发展历史中起到重要的作用，也是使鄂尔多斯市经济成功发展起来的重要能源之一。尽管新能源正在源源不断地发展起来，但煤炭产业是我国重要的基础性产业，鄂尔多斯市的经济在很大程度上也依赖煤炭产业，并且在今后很长一段时期内还要依赖煤炭资源，煤炭仍是我国重要的能源资源。传统的煤炭生产模式是粗放式发展，只有单线生产，而不会有效利用资源，所以造成了大量生产、大量消费、大量废弃，长久来看，高污染、低效率、低质量的发展模式也加剧了环境污染问题和严重的资源浪费，生态环境质量的逐渐下降反过来也制约了矿区区域经济的发展。从不同的行业来看，生产活动对生态系统的压力由高到低依次排序为采矿业、石油与化学加工业、冶金、能源燃料、建筑业、交通运输、造纸业等。如表 1 - 3 所示。

表 1 - 3　相关行业生产对生态系统施加的影响强度

行业划分	采矿业	石油与化学加工业	冶金	能源燃料	建筑业	交通运输业	造纸业
强度级别	2.4	1.8	1.5	1.4	1.1	1.0	1.0

　　鄂尔多斯市现在仍有许多小煤矿，其科技力量薄弱、机械装备水平太低、安全设施不完善，因而事故隐患多，防灾抗灾能力低，尤其是环境恢复治理能力太差，造成了水环境、大气、土壤被破坏，对区域的生态环境造成了影响，进行煤炭矿区生态环境恢复治理具有以下重要意义：

　　（1）通过生态环境治理，可以保护当地生态环境，保护水资源、土壤、大气，促进可持续发展。

　　（2）鄂尔多斯市有丰富的旅游资源，有众多自然景点和城市景点，目前也积极进行产业升级，大力发展第三产业，但小煤矿生产简单，对环境治理投资少，对周边环境造成了严重污染，来鄂尔多斯市旅游的人热情减少，不利于宣传。

（3）生态环境治理，能够降低和阻止地质灾害的发生，保障当地居民的人身安全，并且能够使治理地区已经被破坏的生态环境得到有效的恢复，从而达到治理环境的目的。

（4）生态环境治理，促进了区域经济、社会和环境三者效益的统一，只有社会安定、生态环境健康，才能真正实现经济的长久发展。

1.5　鄂尔多斯市煤炭矿区生态环境治理的 SWOT 分析

1.5.1　鄂尔多斯市煤炭矿区生态环境治理分析模型

鄂尔多斯市煤炭矿区生态环境治理分析模型见表 1-4。

表 1-4　鄂尔多斯市煤炭矿区生态环境治理的 SWOT 分析表

	优势（Strength）	劣势（Weakness）
内部因素（SW） 外部因素（OT）	（1）国家有关法律法规和产业政策扶持自治区又好又快发展 （2）鄂尔多斯市矿区有修复和再创造条件 （3）对于煤炭行业资金优势明显 （4）鄂尔多斯市地广人稀，利于大型施工 （5）煤炭资源利用积极性高 （6）煤炭产业起步晚有后发优势	（1）水资源短缺、浪费严重 （2）科技人才的制约，掌握先进技术的人才少 （3）环境方面的制约，地处干旱地区，自然条件差 （4）能源需求旺盛，重开发轻保护 （5）矿区搬迁需大量资金，引发社会矛盾 （6）治理修复技术增加成本，技术还有待提高 （7）矿区开发规模大，环境恢复压力大

续表

机会（Opportunities）	SO 战略	WO 战略
（1）社会上对矿区环境建设的关注和重视 （2）煤炭不可再生性，重视有效开发 （3）国家提倡可持续发展和科学发展观，鄂尔多斯市响应绿色发展 （4）对外交流频繁，有利于引进技术和人才 （5）产业加速转变增长方式，创造绿色支柱产业	推动科技进步，科学规划，科技为先，统筹煤炭矿区、矿业、矿工和谐发展 制定更严格的产业政策和对矿区的生态环境保护措施 提倡自主创新，促进安全可持续发展 响应国家资源环境协调发展，实施矿区生态重建进程 提高矿区人们生活水平，促进矿区和谐发展	矿区环境的改造由政府主导，但投入不足，效率低下，治理速度不如破坏速度快。企业以效益为最大化，管理不严、不规范，逃避社会责任
风险（Threats）	ST 战略	WT 战略
（1）生态环境治理需加大资金投入，政府和企业财务压力大 （2）治理修复过程中改变原始地形地貌，容易产生新问题 （3）矿区改造容易诱发社会矛盾	管理工作由企业负责，矿区环境不断改善，面临成本上升、企业盈利能力下降、开发能力减弱等问题。矿区的可持续发展陷入困境	继续边生产边治理，矿区环境债务增加，矿区综合环境持续恶化，社会矛盾不断积累和煤矿安全生产条件的弱化，最终导致矿区社会的矛盾和生产不可持续

1.5.2 结论

通过上面的 SWOT 分析，鄂尔多斯市要抓住优势机会（SO）战略，积极治理矿区生态环境，当国家法律法规的实施越来越有利，治理标准越来越高，煤炭经济就会快速发展。为了适应国家的要求，企业要发挥自己的责任；同时，为了追求效益最大化，要加大资金和技术的投入，把机会与优势充分结合起来。

矿区治理最不利的情况是行业处于亏损或维持的状态，而矿区生态环境治理的实施无疑更差，这是劣势威胁（WT），即使在大力发展绿色能源、加强生态环境保护的前提下，矿区综合环境仍将持续恶化。对于机会劣势（WO）和优势威胁（ST），可以得出的结论是虽然有外部提供的各种机会，但由于政策法规的缺失、煤炭的旺盛需求，矿区生态环境治理受到阻碍、影响与控制。但由于投入不足、效率低下，治理速度不如破坏速度快，企业以利益为最大化，治理不严、不规范，影响了鄂尔多斯矿区生态环境治理。煤炭经济受全球经济波动的影响很大，这意味着煤炭资源优势地区将受到不同程度上的削弱。如果煤炭经济衰弱，将对行业构成威胁，其优势将得不到充分发挥。在这种情况下，鄂尔多斯市就是要保持住煤炭的优势地位，加强政府引导，做大煤炭企业，继续加强矿区生态环境管理。

鄂尔多斯市经过多年的不限制开发煤炭矿区，造成对生态环境的破坏后，也逐渐响应国家可持续发展的理念，全面适应可持续发展、节能减排的国际宏观环境，积极实施煤矿生态环境治理战略，强调完善法律法规，强调企业和政府的社会责任，加强监督，通过改善环境和社会生活，鼓励和提升企业的环保意识和社会责任感。通过分析，鄂尔多斯市的现状是优势和机会并存。

1.6 对策与建议

1.6.1 加强煤炭矿区生态环境的修复和预防

1.6.1.1 采煤塌陷地恢复技术

（1）补偿疏干法。适用在分布范围小、厚度大的含水层，可以正常排水的地区。这个方法可以减少开采时由井下涌出的废水，降低含水层水压，避免塌陷。其优点是成本少、效率高。

（2）挖深垫浅法。是比较典型的复垦方式，适用于沉陷较深、地下水位较高、水质可以用于养殖的地区。深水区养鱼，浅水区耕地具有操作简单、适用范围广、经济效益和生态效益好等优点。

（3）回填复垦法。适用于充填材料充足且无污染的地区，具体材料有煤矸石、粉煤灰和其他废物等。一方面搞好了土地复垦，另一方面又解决了固体废弃物占用土地面积且污染环境的问题，从而促进生态良性循环。

（4）生态工程复垦法。利用生态复垦改善土壤结构，提高了土地利用率和生产力。稳定性好，具有经济、生态效益，维持矿区生态平衡，优点突出。

1.6.1.2 矿区废水污染的预防和治理

矿区水污染源包括矿井水、矿泥水、工业污水和生活污水等。矿井水、矿泥水对矿区生态环境的危害十分严重。因此，对矿井水和煤泥水进行最大限度的处理、净化和循环利用，具有减少污染、解决煤矿水资源短缺、减轻矿区经济负担的三重效果。

1.6.1.3 大气生态环境治理

开采煤炭资源会产生的地面煤尘、锅炉烟气以及抽排的瓦斯、SO_2、NO_2 等有害气体，如果排放到空气中将对大气环境造成污染，通过采取封尘、瓦斯发电、烟气治理及二氧化碳捕捉封存等治理技术，打造一个空气清新的矿区大气生态环境。

1.6.1.4 生物修复受污染的土壤

分为植物修复和微生物修复。矿山废渣和尾矿经过长期的堆放后，表面将覆盖一层植被。利用人工植被可以改善和恢复矿区生态系统。植物被用来吸收和沉淀土壤中大量的有毒物质，以降低其生物有效性，阻止它们进入地下水和食物链。同时，植物修复也可以修复因为矿区开发而造成的荒漠化，设置固沙防护林，将荒漠化生态建设治理与生态自我修复相结合。

1.6.2 加大对矿区生态恢复的资金投入

资金与技术的支持是实现煤炭矿区治理与修复的基础，矿区环境管理是一项耗资巨大的系统工程。要努力建立新的生态补偿机制，多渠道引入社会资本，增加矿区环境治理资金来源。建立创新的生态补偿税费征收使用制度机制，使其能够根据矿区的实际情况及时完善，进一步改进生态恢复保证金制度。

1.6.3　推行煤炭行业的清洁生产

煤炭工业清洁生产就是要把煤炭开采污染防治战略不断应用到煤炭生产全过程，坚持可持续发展战略，发展循环经济，不断完善煤炭开采技术，提高资源利用率，通过采用科学合理的管理方法减少污染物的排放，从而减少对环境和人类的危害。一是要制定鄂尔多斯煤炭工业整体的清洁生产规划及相应的政策法律法规体系；二是采取多种经济手段激励企业从事清洁生产的积极性。

1.6.4　积极引进人才，培养人才

吸引和留住矿区煤炭生产和环境管理的尖端人才，提高科技人才比重，为鄂尔多斯市煤炭资源开发利用的可持续发展储备充足的人才资源。通过对全员进行技术培训和环境教育，激发采矿工人的主动性、积极性，激发受采矿活动影响的公众和对采矿活动造成的环境与社会压力感兴趣的人参与环境建设。

1.6.5　建立健全相关体制，完善法律法规

成立专门的矿区环境综合管理机构，落实矿区环境管理各项法规政策，提高环境资源利用率，有利于调动企业积极性，促进绿色市场的形成和发展，实现循环经济；鼓励、支持、扶持环保企业发展，为环保产业发展创造良好的市场条件；科学制订管理方案，因地制宜地调整措施，科学合理地制定矿区土地恢复和生态环境建设规划；要构建环境保护监测体系，坚持"预防为主、保护第一"的原则，防治新矿区环境污染和破坏，严格执行环境影响评价制度。

鄂尔多斯市煤炭长期以粗放式开采，造成了严重的生态环境破坏，但近几年来，响应国家的可持续发展，逐渐开始以建设绿色矿山为标准，但在法律法规方面仍有欠缺。在煤炭矿区治理中，比起侧重于末端治理，更重要的是要事先预防，实行预防措施，如进行环境影响评价、提交规划等都需要与矿地复垦工作联系起来。

2 鄂尔多斯市造林总场森林生态系统服务功能价值评估

2.1 引言

森林生态系统是面积最大的陆地生态系统，也是陆地生态系统的主要组成部分，是人类生产发展不可缺少的一部分。本书依据《森林生态服务功能评估规范》（GB/T 38582—2020），对 2019 年鄂尔多斯市造林总场森林生态系统服务功能进行评价，包括森林康养、保育土壤、净化大气环境、固碳释氧、涵养水源 5 种类型 9 项指标。评估结果表明：林场森林生态系统服务功能的总价值为 183009.07 万元/年。其中，保育土壤价值为 104521.25 万元/年，占总价值的比例最大，而文化服务价值却不到总价值的 2%。所以，要加强森林管理的理念，大力发展森林抚育任务，增加树种类型。

森林生态环境和森林里面的生物组成了森林生态系统。森林生态系统是地球上最复杂、面积最大、物种多样性最丰富的自然生态系统，也是全球生态系统中的三大生态系统之一。森林生态系统除了具有提供日常生活所需的林木产品和景观游憩的直接经济价值，还有间接的经济价值及社会和生态功能，体现在物种保护、涵养水源等方面。总之，森林生态系统的兴衰直接关系到社会经济的发展，也直接影响生态环境的发展。

20 世纪中期，库布齐沙漠自然生态环境恶劣，土地荒漠化、水土流失严重，自然植被稀疏，严重影响当地居民的日常生活和生产。随着"三北"防护林工程的推进，1979 年成立了鄂尔多斯市造林总场（以下简称"林场"）来治理库布齐沙漠的生态环境。

本章基于林场森林资源的调查数据和相关的文献资料，结合涵养水源、固碳释氧、保育土壤等 5 种类型 9 项指标对 2019 年林场森林服务价值进行了定量评价分析，使居民能够更加直观地认识到林场森林生态系统的重要性，提高人们保护森林和生态环境的意识。

2.2　研究区域概况

2.2.1　自然地理概况

鄂尔多斯市造林总场位于东西长度为 128 千米、南北宽度 14 千米的库布其沙漠的中东段，交错分布在鄂尔多斯市北部的达拉特旗和准格尔旗境内。林场的地理坐标为东经 109°03′ ~ 110°33′，北纬 40°00′ ~ 40°20′，海拔高度为 1009 ~ 1309 米，总的地形呈南高北低走势；地貌类型以风沙地貌为主。林场位于草原到荒漠草原的过渡地带，属于温带大陆性气候，年平均气温为 6℃ ~ 7℃；年平均降水量东西差异比较大，西部为 150 毫米，东部达到 350 毫米；年蒸发量由东到西为 2100 ~ 2700 毫米。林场拥有丰富的、水质较好的地下水资源。地上水系包括 10 条属于黄河一级支流的季节性河流，俗称"十大孔兑"。林场的土壤类型主要以栗钙土、风沙土为主。

2.2.2 生物资源概况

林场拥有上百种物种,物种资源较丰富。植被的优势种以旱生的半灌木、灌木为主。植物群落较为稳定,常见的植物有白草、狗尾巴草等。人工造林以灌木林为主,还有少量的乔木林,包括杨树、柳树、沙柳、锦鸡儿等树种。动物资源主要有鱼类、鸟类、两栖类、哺乳动物类和爬行类,包括鲫鱼、草鱼、青蛙、野兔、蛇、蜥蜴等。

2.2.3 森林资源概况

林场位于草原到荒漠草原的过渡地带,特殊的地理位置决定了林场内的森林植被类型。灌木和乔木作为干旱和半干旱地带的重要组成植被,对荒漠治理化、防风固沙等工程有着重大的意义。林场的树种起源都为人工林,优势树种主要以沙柳、锦鸡儿、沙棘、柠条等灌木树种为主,还有少量的油松、樟子松、杨树、柳树、榆树等乔木林树种。

2.2.3.1 森林总量

林场总经营面积为 84400.00 公顷,森林面积为 50626.67 公顷,森林覆盖率为 59.98%,植被覆盖度为 77.00%。据统计,2019 年林场林业用地面积为 49863.88 公顷,森林活立木蓄积量为 477297.82 立方米。其中,灌木林地面积为 38893.03 公顷,占森林总面积的 78.00%。林地面积为 10970.85 公顷,占森林总面积的 22.00%(见表 2-1)。在有林地中,乔木林面积为 8769.07 公顷,占有林地面积的 79.93%。针叶林面积为 17719.23 公顷,阔叶林面积为 27844.67 公顷。由于灌木林的生长周期进入了退化阶段,因此本书不对灌木林地作评价。

2.2.3.2 龄组结构

将林场乔木林按龄组进行统计,龄组结构如表 2-2 所示。

表 2-1 2019 年林场林地类型的面积   单位：公顷

林地类型	有林地	灌木林地	合计
面积	10970.85	38893.03	49863.88

表 2-2 2019 年林场乔木林龄组结构   单位：公顷，%

乔木林龄组	幼龄林	中龄林	近熟林	成熟林
面积	414.32	1189.19	2509.62	4655.87
占比	4.73	13.56	28.62	53.09

从表 2-2 中可以看出，林场的林龄结构不平衡，不同林龄的比例不协调，成熟林和近熟林占较大的优势。其中，幼龄林面积为 414.32 公顷，占乔木林面积的 4.73%；中龄林面积为 1189.19 公顷，占乔木林面积的 13.56%；近熟林面积为 2509.62 公顷，占乔木林面积的 28.62%；成熟林面积为 4655.87 公顷，占乔木林面积的 53.09%。

2.3 鄂尔多斯市造林总场森林生态系统服务功能研究方法

2.3.1 数据来源

林场森林资源的具体数据主要来源于鄂尔多斯市造林总场森林资源规划设计调查、《内蒙古统计年鉴》、鄂尔多斯市生态环境局、鄂尔多斯市林业和草原局、鄂尔多斯市人民政府、中国林业信息网以及各权威机构发表的相关研究成果中的数据。价值量主要依据有关部门发布的社会公共数据，如表 2-3 所示。

表 2-3 社会公共数据

名称	数据	名称	数据
水的净化费（元/吨）	2.09	降尘清理费（元/千克）	0.15
固碳价格（元/吨）	1200.00	氮氧化物治理费（元/千克）	0.63
制造氧气价格（元/吨）	1000.00	二氧化硫治理费（元/千克）	1.20
有机质价格（元/吨）	320.00	氟化物治理费（元/千克）	0.69
水库单位库容造价（元/立方米）	6.11	挖掘单位土方费用（元/立方米）	12.60

2.3.2 森林生态服务功能评价体系和评估方法

为定量测算 2019 年林场森林生态系统服务功能，依据《森林生态服务功能评估规范》（GB/T 38582—2020），选取主要的森林生态服务基本功能评估指标：净化大气环境、固碳释氧、森林康养、保育土壤 5 个功能类别 9 项指标进行评估，评价体系详见表 2-4。

表 2-4 森林生态系统服务功能经济价值评价指标

服务类别	功能类别	指标类别
文化服务	森林康养	森林康养
支持服务	保育土壤	固土
		保肥
调节服务	净化大气环境	滞尘
		吸收气体污染物
	固碳释氧	固碳
		释氧
	涵养水源	调节水量
		净化水质

由于自然生态系统的服务功能相关的评价方法比较多，对不同的功能指标选取了不同的、切实可行的、有效的评价方法。本书以林场森林生态系统为研究对

象，对不同类型的森林进行评估。本着科学性原则、全面性原则、代表性原则、可操作性原则，采取市场价值法、影子价格法和替代工程法等多种方法相结合的方式对林场森林生态系统服务功能的价值进行评估，使此次评估更具有科学性以及说服力。

2.3.3　森林生态系统服务价值评价公式

2.3.3.1　文化服务价值

森林生态系统可为人类提供休闲游憩、疗养、康复场所，使人们能够放松身心，陶冶情操，同时也有益于身心健康。不仅能通过发展旅游业带来收入，也可以带动其他疗养产业增加收入。由于资料有限，本书以森林游憩价值代替森林康养价值。森林资源作为公共商品，不可以在市场中进行交换。因此，不能直接通过市场来确定其价格。此次评价采用权威机构发布的林场旅游收入作为森林游憩价值。

2.3.3.2　支持服务价值

森林植被的根系可以改善土壤的理化性质，如土壤结构、孔隙度和渗透性等，增加土壤养分元素以及有机质含量，并且能够保持土壤的肥力。本书选取保育土壤功能中的固土和保肥两个指标进行评价。

（1）固土。本书通过有林地和无木林地的土壤侵蚀程度差估算森林固土量，并采用影子价格法计算不同类型和龄组森林的吸收大气污染物价值。计算公式为：

$$U_{固土} = A C_{土}(X_2 - X_1)/\rho \tag{2-1}$$

其中，$U_{固土}$表示林分的年固土价值（元）；A 表示林分的面积（公顷）；$C_{土}$表示挖取单位土方所需的费用（元/立方米）；ρ 表示土壤容量（吨/立方米）；X_1、X_2分别表示林地和无林地的土壤侵蚀模数（吨/公顷）。

（2）保肥。本书通过在森林固土量的基础上计算得出保肥量，并采用市场价值法计算不同类型和龄组森林的保育肥力价值。计算公式为：

$$U_{\text{肥}} = A(X_2 - X_1)\left(\frac{NF_1}{R_1} + \frac{PF_2}{R_2} + \frac{KF_3}{R_3} + MF_3\right) \tag{2-2}$$

其中，$U_{\text{肥}}$ 表示林分的年保肥价值（元）；A 表示林分的面积（公顷）；N、P、K、M 分别表示土壤平均含氮、磷、钾和有机质含量（%）；R_1、R_2 分别表示磷酸氢二铵化肥的含氮、磷量（%），R_3 表示氯化钾化肥的含钾量（%）；F_1、F_2、F_3 分别表示磷酸氢二铵、氯化钾和有机肥的价格（元/吨）。

2.3.3.3 调节服务价值

森林生态系统在涵养水源、固碳释氧、净化大气环境等方面有潜在的经济性。这些森林的调节功能在维持人类的日常生活和生产以及提高人类的社会幸福感方面发挥着重要作用。

（1）净化大气环境。森林生态系统具有吸收和分解空气中的污染物以及净化大气环境的功能。这种气候调节和大气净化的服务功能会直接影响保护区周边的区域，减少保护区恶劣天气的发生以及大气污染的程度，为保护区提供了良好的生态环境。本书选取吸收气体污染物和滞尘两个指标进行评价。

第一，吸收气体污染物。本书采用面积—吸收能力法计算不同类型森林吸收气体污染物量，并采用替代工程法计算吸收气体污染物价值。计算公式为：

$$U_{\text{吸污}} = A(C_{\text{二氧化硫}}Q_{\text{二氧化硫}} + C_{\text{氟化物}}Q_{\text{氟化物}} + C_{\text{氮氧化物}}Q_{\text{氮氧化物}}) \tag{2-3}$$

其中，$U_{\text{吸污}}$ 表示吸收污染物的价值（元）；$C_{\text{二氧化硫}}$、$C_{\text{氟化物}}$、$C_{\text{氮氧化物}}$ 分别表示二氧化硫、氟化物、氮氧化物的治理费用（元/千克）；$Q_{\text{二氧化硫}}$、$Q_{\text{氟化物}}$、$Q_{\text{氮氧化物}}$ 分别表示单位面积吸收二氧化硫、氟化物、氮氧化物量（千克/公顷）。

第二，滞尘。评价方法与吸收气体污染物的评价方法相同。计算公式为：

$$U_{\text{滞尘}} = (F_{\text{滞尘}}Q_{\text{滞尘}})A \tag{2-4}$$

其中，$U_{\text{滞尘}}$ 表示林分的年滞尘价值（元）；$F_{\text{滞尘}}$ 表示降尘清理的费用（元/千克）；$Q_{\text{滞尘}}$ 表示单位面积林分年的滞尘量（千克/公顷）；A 表示林分的面积（公顷）。

（2）固碳释氧。森林生态系统通过植被的光合作用将 CO_2 和水转化成有机物和 O_2。森林中的植被吸收大气中的 CO_2，并向大气中释放大量的 O_2，以此来维持大气中 CO_2 和 O_2 的平衡。本书选取固碳和释氧两个指标进行评价。

第一，固碳。本书采用碳税法计算不同类型森林的固碳价值。计算公式为：

$$U_{碳} = A\,C_{碳}(1.63\,R_{碳}Y_{年} + F_{土壤碳}) \qquad (2-5)$$

其中，$U_{碳}$ 表示林分的年固碳价值（元）；$C_{碳}$ 表示固碳的价格（元/吨）；$R_{碳}$ 表示 CO_2 中碳的含量，取值为 27.27%；$Y_{年}$ 表示林分的净生产力（吨/公顷）；$F_{土壤碳}$ 表示单位面积林分的土壤年固碳量（吨/公顷）；A 表示林分的面积（公顷）。

第二，释氧。本书采用影子价格法计算不同类型森林的固碳价值。计算公式为：

$$U_{氧} = 1.19\,AC_{氧}V_{氧} \qquad (2-6)$$

其中，$V_{氧}$ 表示林分的年释氧价值（元）；$C_{氧}$ 表示氧气价格（元）；A 表示林分的面积（公顷）。

（3）涵养水源。森林植被对该地区的水文有重要的生态影响，可以调节年际和年内水流量，跟水库有着相似的效果。森林中的枯叶可以在土壤表面形成一个保护层，维持土壤结构的稳定性，增加土壤中有机质的含量和土壤的保水能力。本书选取调节水量和净化水质两个指标进行评价。

第一，调节水量。本书采用替代工程法计算不同类型森林的固碳价值。计算公式为：

$$U_{调} = 10A\,C_{库}(P - E - C) \qquad (2-7)$$

其中，$U_{调}$ 表示林分的年调节水量价值（元）；A 表示林分的面积（公顷）；P 表示降水量（毫米）；E 表示林分的蒸发量（毫米）；C 表示地表的径流量（毫米）；$C_{库}$ 表示水库建设的单位库容投资（元/立方米）。

第二，净化水质。本书采用替代工程法计算不同类型森林的固碳价值。计算公式为：

$$U_{水质} = 10AK(P - E - C) \qquad (2-8)$$

其中，$U_{水质}$ 表示林分的年调节水量价值（元）；P 表示降水量（毫米）；E 表示林分的蒸发量（毫米）；C 表示地表的径流量（毫米）；K 表示净化水的费用（元/吨）；A 表示林分的面积（公顷）。

2.4 鄂尔多斯市造林总场森林生态系统 服务功能价值评估结果

2.4.1 文化服务价值

依托"三北"工程建设带来的效益，林场积极建设沙漠森林公园。近年来，随着鄂尔多斯市经济的高质量发展，森林旅游市场不断扩大，恩格贝、响沙湾等旅游事业蓬勃兴起。同时，林场内有七里沙、二道壕、黑庆壕、李三壕、王爱召、魏林壕6处沙漠绿洲。依托特殊的地理和交通优势，发展以树木为主的沙漠治理、沙漠绿洲生态旅游。游客主要包括周边城市的居民，其他地区及外国游客和少量的科研考察团队。据相关数据统计，2019年林场的游客约为45万人，带来的旅游收入达3500万元，则景观游憩价值为3500万元/年。

2.4.2 支持服务价值

2.4.2.1 固土价值

林场下设7个分场，1个分场位于准格尔旗境内，其余6个分场位于达拉特旗境内。本书选取达拉特旗林地和无林地土壤侵蚀模数作为林场林地土壤侵蚀模数。根据相关研究成果，达拉特旗林地以轻度、中度侵蚀为主，侵蚀模数分别为495.82吨/（公顷·年）、2655.73吨/（公顷·年），取平均值为1575.78吨/（公顷·年）；无林地土壤侵蚀模数分别为463.98吨/（公顷·年）、2755.83吨/（公顷·年），取平均值为1609.91吨/（公顷·年），土壤容量为0.98吨/立方米。由表2-3可知，挖取单位土方所需的费用为12.6元/立方米。根据式（2-1）

计算得出不同类型森林的年固土量及其价值，如表2-5所示。

表2-5　2019年林场森林生态系统年固土量及其价值

森林类型	林分面积（公顷）	年固土量（吨）	年固土价值（万元）
针叶林	17719.23	617099.31	777.55
阔叶林	27844.67	969733.25	1221.86
合计	45564.00	1586832.56	1999.41

由表2-5可以看出，2019年林场森林年固土量为1586832.56吨，年固土价值为1999.41万元。由于森林面积不同，不用类型森林年固土价值也不同。面积越大，森林年固土量越大，年固土价值就越大。

2.4.2.2　保肥价值

根据相关研究成果，林场森林土壤平均含氮量、含磷量、含钾量、有机质含量分别为1.21%、0.57%、8.13%、0.93%。根据中国农业信息网站的数据，硫酸二铵化肥、氯化钾化肥和有机质价格分别为2400.00元/吨、2200.00元/吨、320.00元/吨。根据市场化肥产品，硫酸二铵化肥中含氮量和含磷量分别为14.00%和15.01%，氯化钾化肥中含钾量为50.00%。根据式（2-2）计算得出不同类型森林的年保肥量及其价值，如表2-6、表2-7所示。

表2-6　2019年林场森林生态系统年保肥量

森林类型	林分面积（公顷）	年保 N 量（吨）	年保 P 量（吨）	年保 K 量（吨）	年保有机质量（吨）
针叶林	17719.23	52268.31	22965.47	98333.54	5624.24
阔叶林	27844.67	82136.41	36088.81	154525.05	8838.15
合计	45564.00	134404.72	59054.28	252858.59	14462.39

由表2-6可以看出，2019年林场森林年保肥量为460779.98吨。林场各项保肥量的顺序为：年保 K 量＞年保 N 量＞年保 P 量＞年保有机质量。

表 2 - 7 2019 年林场森林生态系统年保肥价值

森林类型	林分面积（公顷）	年保 N 价值（万元）	年保 P 价值（万元）	年保 K 价值（万元）	年保有机质价值（万元）
针叶林	17719.23	12544.39	5511.71	21633.38	179.98
阔叶林	27844.67	19712.74	8661.31	33995.51	282.82
合计	45564.00	32257.13	14173.02	55628.89	462.80

由表 2 - 7 可以看出，2019 年林场森林年保肥价值为 102521.84 万元。其中，年保 K 价值最大，为 55628.89 万元；年保有机质价值最小，为 462.80 万元。各项保肥价值的顺序与保肥量顺序相同。

因此，2019 年林场森林年保育土壤价值为 104521.25 万元。森林固土价值与保肥价值分别占保育土壤价值的 1.95% 和 98.05%。

2.4.3 调节服务价值

2.4.3.1 净化大气环境价值

（1）吸收气体污染物价值。根据《中国生物多样性国情研究报告》和研究成果，针叶林年均吸收二氧化硫、氟化物、氮氧化物能力分别为 215.60 千克/公顷、0.50 千克/公顷、6.00 千克/公顷；阔叶林年均吸收二氧化硫、氟化物、氮氧化物能力分别为 88.65 千克/公顷、4.65 千克/公顷、6.00 千克/公顷。由表 2 - 3 可知，二氧化硫、氟化物、氮氧化物的治理费用分别为 1.20 元/千克、0.69 元/千克、0.63 元/千克。根据式（2 - 3）计算得出不同类型森林的年吸收污染物量及其价值，如表 2 - 8、表 2 - 9 所示。

由表 2 - 8 可以看出，2019 年林场森林年吸收二氧化硫量为 6288.70 吨，年吸收氟化物量为 138.34 吨，年吸收氮氧化物量为 273.39 吨。其中，针叶林的年吸收二氧化硫量多于阔叶林；阔叶林的年吸收氟化物量和年吸收氮氧化物量多于针叶林。

表 2 - 8　2019 年林场森林生态系统年吸收气体污染物量

森林类型	林分面积（公顷）	吸收气体污染物价值量			
		年吸收二氧化硫量（吨）	年吸收氟化物量（吨）	年吸收氮氧化物量（吨）	合计
针叶林	17719.23	3820.27	8.86	106.32	3935.45
阔叶林	27844.67	2468.43	129.48	167.07	2764.98
合计	45564.00	6288.70	138.34	273.39	6700.43

表 2 - 9　2019 年林场森林生态系统年吸收气体污染物价值

森林类型	林分面积（公顷）	年吸收气体污染物价值			
		年吸收二氧化硫价值（万元）	年吸收氟化物价值（万元）	年吸收氮氧化物价值（万元）	合计
针叶林	17719.23	458.43	0.85	9.89	469.17
阔叶林	27844.67	296.21	12.43	15.54	324.18
合计	45564.00	754.64	13.28	25.43	793.35

由表 2 - 9 可以看出，2019 年林场不同类型的森林年吸收污染物价值为 793.35 万元。其中，年吸收二氧化硫价值为 754.64 万元，年吸收氟化物价值为 13.28 万元，年吸收氮氧化物价值为 25.43 万元。虽然年吸收二氧化硫价值和年吸收氟化物价值比较小，但两者都是具有较大危害性的有毒气体，其作用不可忽略。

（2）滞尘价值。根据相关研究成果和表 2 - 3，针叶林和阔叶林年滞尘能力分别为 33200 千克/公顷、10110 千克/公顷，森林降尘清理费为 0.15 元/千克。根据式（2 - 4）计算得出不同类型森林的年滞尘量及其价值，如表 2 - 10 所示。

表 2 - 10　2019 年林场森林生态系统年滞尘量及其价值

森林类型	林分面积（公顷）	年滞尘量（吨）	年滞尘价值（万元）
针叶林	17719.23	588278.44	8824.18
阔叶林	27844.67	281509.61	4222.64
合计	45564.00	869788.05	13046.82

由表 2 - 10 可以看出，2019 年林场森林年滞尘量为 869788.05 吨，年滞尘价值为 13046.82 万元，虽然阔叶林的面积大于针叶林的面积，但是针叶林的滞尘能力约为阔叶林的 2 倍，导致针叶林的组织降尘价值远大于阔叶林。

因此，2019 年林场森林年净化大气环境价值为 13840.17 万元。年滞尘价值是年吸收气体污染物价值的 16 倍多，说明滞尘是林场森林的主要功能。

2.4.3.2 固碳释氧价值

（1）固碳价值。根据前人的研究成果，林场不同类型森林的净生产力和年固碳量取内蒙古自治区森林植被的平均值。针叶林年均生产力和年固碳量分别为 3.17 吨/公顷、0.78 吨/公顷，阔叶林年均生产力和年固碳量分别为 3.13 吨/公顷、1.65 吨/公顷。根据瑞典的碳税率，每吨碳为 150 美元，按照美元汇率为 6.90，折合成人民币为 1035 元。根据式（2-5）计算得出不同类型森林的年固碳量及其价值，如表 2-11 所示。

表 2-11 2019 年林场森林生态系统年固碳量及其价值

森林类型	林分面积（公顷）	年固碳量（吨）	年固碳价值（万元）
针叶林	17719.23	38788.60	4014.62
阔叶林	27844.67	84683.66	8764.76
合计	45564.00	123472.26	12779.38

由表 2-11 可以看出，2019 年林场森林年固碳量为 123472.26 吨，年固碳价值为 12779.38 万元。由于不同类型森林的净生产力和固碳量不同，导致阔叶林的年固碳价值大于针叶林的年固碳价值。

（2）释氧价值。由表 2-3 可知，制造氧气的价格为 1000 元/吨。根据式（2-6）计算得出不同类型森林的年释氧量及其价值，如表 2-12 所示。

表 2-12 2019 年林场森林生态系统年释氧量及其价值

森林类型	林分面积（公顷）	年释氧量（吨）	年释氧价值（万元）
针叶林	17719.23	66842.25	6684.22
阔叶林	27844.67	103713.04	10371.30
合计	45564.00	123472.26	17055.82

由表 2 - 12 可以看出，林场森林年释氧量为 123472.26 吨，年释氧价值为 17055.82 万元。

因此，2019 年林场森林年固碳释氧价值为 29835.20 万元。固碳价值和释氧价值分别占固碳释氧价值的 42.83% 和 57.17%。

2.4.3.3 涵养水源价值

根据前人的监测数据和研究成果，林场年降水量为 150 ~ 350 毫米，因此林场年均降雨量中间值为 300.00 毫米。降水量东西部差异较大，东部偏少，西部偏多。蒸散量是降水量的 70%，则年均蒸散量为 210.00 毫米。由表 2 - 3 可知，水库的单位库容造价为 6.11 元/立方米，居民的平均用水价格为 2.60 元/吨。不同类型森林的地表径流量不同，取其均值为 11.10 毫米/年。根据式（2 - 7）、式（2 - 8）计算得出不同类型森林的涵养水源量及其价值，如表 2 - 13 所示。

表 2 - 13 2019 年林场森林生态系统年涵养水源量及其价值

功能	林分面积（公顷）	涵养水源量（吨）	价格（元）	价值（万元）
调节水量	45564.00	35949996.00	6.11	21965.45
净化水质	45564.00	35949996.00	2.60	9347.00

由表 2 - 13 可知，2019 年林场不同类型森林的年涵养水源量为 35949996.00 吨，涵养水源总价值为 31312.45 万元。其中，调节水量价值为 21965.45 万元，净化水质价值为 9347.00 万元。调节水量价值和净化水质价值分别占涵养水源价值的 70.15% 和 29.85%。

2.4.4 服务功能总价值

通过计算各项指标的实物量与价值量，评估出 2019 年林场森林生态系统的服务价值，如表 2 - 14 所示。

表 2-14　2019 年林场森林生态系统服务价值及其占比

服务类别	服务功能	评价指标	指标价值（万元）	总价值（万元）	占比（%）
文化服务	森林康养	森林康养	3500.00	3500.00	1.91
支持服务	保育土壤	固土	1999.41	102721.25	1.09
		保肥	102521.84		56.02
调节服务	净化大气环境	吸收气体污染物	793.35	13840.17	0.43
		滞尘	13046.82		7.13
	固碳释氧	固碳	12779.38	29835.20	6.98
		释氧	17055.82		9.32
	涵养水源	调节水量	21965.45	31312.45	12.00
		净化水质	9347.00		5.11
合计		—	183009.07	183009.07	100.00

由表 2-14 可以看出，2019 年林场森林生态系统的服务总价值为 183009.07 万元。其中森林康养价值为 3500.00 万元，保育土壤价值为 102721.25 万元，净化大气环境价值为 13840.17 万元，固碳释氧价值为 29835.20 万元，涵养水源价值为 31312.45 万元。服务价值的大小排序为保育土壤价值（57.11%）>涵养水源价值（17.11%）>固碳释氧价值（16.30%）>净化大气环境价值（7.56%）>森林康养价值（1.91%）。从所占比例来看，保育土壤价值、涵养水源、固碳释氧占比分别为 57.11%、17.11%、16.30%，共占总价值的 90.52%。

可以看出，林场森林在这三项服务功能上发挥着重要的作用。在不同类型的服务功能中，文化价值为 3500.00 万元/年，支持价值为 104521.25 万元/年，调节价值为 74987.82 万元/年，占比分别为 1.91%、57.11%、40.98%（见图 2-1）。文化服务的价值最低，远小于支持服务和调节服务的价值。因此，应加强对此方面的重视，加大对生态旅游的管理，为旅游区的布局做出规划。坚持以沙漠景观为主，发展特色的旅游资源，增加国内外游客的数量，提高旅游带来的收入。

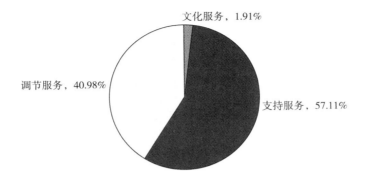

图 2 – 1 2020 年林场各服务功能价值占比

2.5 对策与建议

本书依托相关的研究成果、评价规范及数据资源，对鄂尔多斯市林场森林资源的 5 项功能 9 项指标进行了评价，较为清楚地表明了森林对社会、经济以及环境的重要性，有助于人民提高保护森林的意识。

但是，由于统计数据不足、生态效益的研究方法比较多、地域因素等客观因素为本书的评价带来了限制。同时评价功能体系也不全面，如缺少供给功能的价值评价，只对森林生态系统服务功能价值做了粗略的估算。鄂尔多斯市林场森林生态系统服务功能的总价值远远大于本书所评估的价值。

根据上述结论，2019 年林场森林生态系统的服务总价值为 183009.07 万元。但是，文化服务价值却不到总价值的 2%。为了使林场森林的作用得到更有效的持续利用，特提出以下建议。

2.5.1 加强森林的经营理念，提高森林质量

科学地开展森林经营，提高森林质量，不仅有益于增加森林的蓄积量，也可

以增强森林的生态功能。转变人工经营的理念，大力恢复森林的面积，引入科学技术因地制宜培植具有当地特色的优良树种。注重完善相关的政策法规，加大森林的保护力度，确保生态环境可以得到有效的改善。同时，也要做好宣传工作，对周边的居民进行生态保护的普及教育，提升保护意识，满足生态建设的不同需求。

2.5.2　大力推进森林抚育任务，提高低效林生态效益

开展森林的抚育任务不仅可以提高林场灌木林的生产力，也可以解决其衰老退化的现状。所以，应该加大资金和抚育任务的投入力度，增加资金获得渠道，提高抚育贴现率，有效推进生态建设。同时，也要修订和加强技术指导和生产实践。相关主管部门应研究并制定适合当前发展形势的强实用性的行业标准。

2.5.3　增加树种类型，科学调整树龄结构

林场树种单一，灌木林数量多，乔木林数量少，且多为成过熟林；阔叶林、针叶林少。因此，要引进适宜当地气候条件的树木品种，让树种的类型更加多样；让树种组成更加合理，把纯林改造为混交林，并增加乔木林和针叶林的数量。同时，大面积补植生命周期更长的幼龄林，减少成过熟林，调整为健康的树龄结构，增加生态系统的稳定性。

3 内蒙古大青山自然保护区生态服务价值评估与建设

3.1 引言

内蒙古大青山地处蒙古高原中温型草原和暖温型草原交会处，是阴山山地中段保存最好的次生林区，气候、土壤、地质地貌、动物、植物都极具代表性。同时，大青山是黄河上中游的重要水源地，具有防止水土流失、改善水文状况、净化水质等作用，是阴山山地重要的水源涵养地之一。为客观地反映大青山森林生态系统在经济社会可持续发展中的地位、贡献与作用，提高全民森林生态保护意识，并为大青山森林资源经营利用、管理及生态环境保护提供科学依据，对大青山森林生态功能及其价值进行评估，促使其发挥更大的生态、经济和社会效益。依据 2016 年国家林业局《森林生态系统服务功能评估规范》（LY/T 1721—2008），以内蒙古大青山自然保护区为主要研究评价对象，并结合森林净化天然大气、涵养天然水源等 6 种应用类型 8 项评价指标结果进行了对森林资源生态系统管理服务应用价值评估进行线性定量分析评价。

3.2 大青山国家级自然保护区概况

根据"十四五"推进生态环境文明工程建设、生态系统价值提升机制建设，使我国北方重要区域生态安全保护屏障更加牢固。内蒙古大青山国家级自然保护区属于典型的森林草原交错生态脆弱区，具有重要的森林资源生态调节和保护功能，对于改善区域生态环境、维持生态平衡、保障大兴安岭中段地区生态安全和社会经济的发展具有十分重要的战略意义。通过对大青山生态价值进行评估，能够从根本上解决内蒙古森林尤其是公益林管理的动力和机制问题，以期对内蒙古林业的可持续发展产生积极影响，为推动内蒙古生态文明建设提供建议。

3.2.1 研究区域概况

内蒙古大青山国家级自然保护区是目前内蒙古自治区面积最大的森林生态类型自然保护区。大青山雄踞阴山山脉中段，是蒙古高原草原区与黄土高原草原区的分水岭，也是阴山山脉中山地森林、灌丛、草原镶嵌景观最为完好的一部分，是阴山山地生物多样性最集中的区域和生态走廊。它东起乌兰察布市卓资县头道北山山脊，西至包头市昆都仑河谷，北接呼和浩特市武川县、包头市固阳县，南连土默川平原。大青山位于内蒙古东部的温带森林疏灌草原和畜牧草原森林植被次生气候区，属于北亚温带东北季风大陆性湿润气候，日温差和平均年温差均很大，年平均气温大约为7.6℃，北低南高。年平均累计降水量为335.20～534.60毫米，全年平均日照时间为3056.30小时，森林覆盖率为41.65%。

内蒙古大青山自然保护区的主要植被有白桦和山杨，还有少量落叶松、油松、云杉等针叶树种，是以云杉、白杆、青杆、侧柏等分布边缘物种群落为代表的山地森林、灌木—草原生态系统。大青山自然保护区划分成核心区、试验区和缓冲区三个功能区。

内蒙古大青山自然保护区总面积为 391890.0 公顷。其中，林地面积为 378240.1 公顷，占总面积的 96.5%；非林地面积为 13649.9 公顷，占总面积的 3.5%。在林业用地中：灌木林地面积为 105444.3 公顷，占林业用地面积的 27.9%；有林地面积为 79457.8 公顷，占林业用地面积的 21.1%；无立木林地面积为 11425.6 公顷，占林业用地面积的 3.0%；疏林地面积为 2735.5 公顷，占林业用地面积的 0.7%（见图 3-1）。

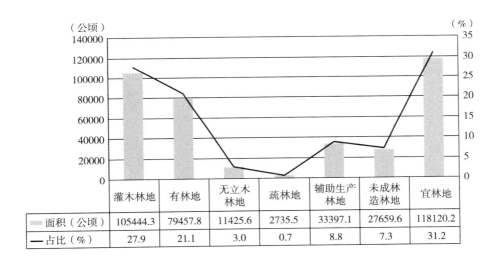

	灌木林地	有林地	无立木林地	疏林地	辅助生产林地	未成林造林地	宜林地
面积（公顷）	105444.3	79457.8	11425.6	2735.5	33397.1	27659.6	118120.2
占比（%）	27.9	21.1	3.0	0.7	8.8	7.3	31.2

图 3-1　大青山自然保护区林地类型的面积及其占比

经文献资料和数据查询可知，内蒙古大青山自然保护区针叶林森林面积为 15362 公顷，阔叶林森林面积为 169540 公顷，如表 3-1 所示。

表 3-1　大青山自然保护区针叶林和阔叶林面积　　　　　单位：公顷

类型	针叶林	阔叶林
面积	15362	169540

3.2.2 数据来源

内蒙古大青山自然保护区岭森林资源的数据主要来源于《内蒙古自治区森林资源连续清查报告》、《内蒙古统计年鉴》、内蒙古林业厅、内蒙古自治区人民政府以及权威科研机构发表的相关文献。指标体系的选择、价值量主要依据为《森林生态系统服务功能评估规范》（LY/T 1721—2008）和有关部门发布的社会公共数据，如表3-2所示。

表3-2　社会公共数据

名称	数据	名称	数据
水的净化费用（元/吨）	2.09	降尘清理费（元/千克）	0.15
固碳价格（元/吨）	1200.00	氮氧化物治理费（元/千克）	0.63
制造氧气价格（元/吨）	1000.00	二氧化硫治理费（元/千克）	1.20
有机质价格（元/吨）	320.00	氟化物治理费（元/千克）	0.69

资料来源：《森林生态系统服务功能评估规范》（LY/T 1721—2008）。

3.3 大青山自然保护区森林生态系统服务功能评价体系和方法

3.3.1 生态服务功能评价体系

为了定量测算内蒙古大青山自然保护区森林生态系统服务功能，将其划分为直接功能与间接功能两大类。依据国家林业局《森林生态系统服务功能评估规范》（LY/T 1721—2008），选取6个功能类别8项主要的森林生态服务基本功能指标进行评估，如净化空气、涵养水源等，评价体系如表3-3所示。

表3－3　森林生态系统服务功能经济价值评价指标和方法

价值类型	服务功能价值	评价指标	评价方法
直接功能价值	景观游憩价值	森林旅游收入	市场价值法
间接功能价值	大气调节价值	阻滞降尘价值	恢复费用法
		吸收大气污染物价值	恢复费用法
	保育土壤价值	保肥价值	影子价格法
	固碳释氧价值	固碳价值	影子价格法
		释氧价值	影子工程法
	物种保护价值	生物多样性价值	成果参照法
	涵养水源价值	调节水量价值	替代工程法

3.3.2　生态服务功能评价方法

由于测算自然生态系统服务功能价值相关的评价方法较多，对不同的功能指标选取了不同的、切实可行的有效评价方法，包括市场价值法、恢复费用法、影子价格法、成本参照法和替代工程法五种。

3.4　大青山自然保护区森林生态系统服务功能价值评估

3.4.1　直接功能价值

直接经济价值主要表现在实施各种绿色旅游以及相关的经营项目上，所带来的收益能为保护区建设提供资金的支持，并解决生态环境和资源问题。以保护生态环境和自然资源为前提，对自然资源的开发利用活动进行合理的规划，有利于大青山自然保护区的长期发展。

近年来，随着内蒙古自治区经济的快速发展，内蒙古大青山自然保护区的森林旅游业也蓬勃发展，各种特色的旅游景观吸引着国内外大量的游客。保护区包括六个雪山生态旅游度假景区，分别为黑河古庆沟雪山生态旅游度假景区、古路板山沟生态旅游度假景区、哈达门山沟生态旅游度假景区、黑牛营子沟雪山生态旅游度假景区、九峰山山沟生态旅游度假景区、五当召山沟生态旅游度假景区。根据自然保护区的实际情况，各大重点景区对外开放的每天环境游览高峰时间为8 小时，有效环境游览时间每天按 6 小时来设计，平均每个国家生态旅游重点景区的日环境游客容量大约为 667 人次。按全年可游览天数 240 天计算，旅游季节分淡季、旺季，平均每个生态旅游景区的年环境容量为 80040 人次，那么保护区的六个生态旅游景区的年游客环境容量为 480240 人次。内蒙古大青山游客数约为 25 万人，平均消费额为 200 元，保护区的年度旅游收入约为 5000 万元。

3.4.2　间接功能价值

森林生态系统在涵养水源、固碳释氧、净化大气、保护和利用生物多样性对整个生态环境的影响等方面有着潜在经济性。这些森林生态功能在维持人类的日常生活和生产以及提高人类的社会幸福感方面发挥着重要作用。

3.4.2.1　大气调节价值

森林生态系统能吸收和分解空气污染物，净化大气环境。这种气候调节和大气净化的服务功能会影响保护区周边的地区，减少保护区的恶劣天气以及大气污染的严重程度，为保护区提供了良好的生态环境。本书选取滞尘价值和吸收大气污染物价值进行评估。

滞尘价值采用恢复费用法，计算公式为：

$$U_{滞尘} = (F_{滞尘} Q_{滞尘}) A \qquad\qquad (3-1)$$

其中，$U_{滞尘}$ 表示林分年滞尘价值（元）；$F_{滞尘}$ 表示降尘清理费用（元/千克）；$Q_{滞尘}$ 表示单位面积林分年滞尘量（千克/公顷）；A 表示林分面积（公顷）。

由表3-1、表3-2分别可知，林分面积、森林降尘清理费为0.15元/千克。根据式（3-1）计算可得，内蒙古大青山自然保护区森林生态系统的年滞尘价值为33361.02万元，如表3-4所示。

表3-4 内蒙古大青山自然保护区森林生态系统的滞尘价值

类型	面积（公顷）	滞尘能力（千克/公顷）	滞尘价值（万元/年）
针叶林	15362.00	33200.00	7650.28
阔叶林	169540.00	10110.00	25710.74
合计	184902.00	43310.00	33361.02

吸收大气污染物价值采用恢复费用法，计算公式为：

$$U_{吸污} = A(C_{二氧化硫}Q_{二氧化硫} + C_{氟化物}Q_{氟化物} + C_{氮氧化物}Q_{氮氧化物}) \qquad (3-2)$$

其中，$U_{吸污}$表示空气用于直接吸收治理大气环境污染物时的治理环境价值（元/年）；$C_{二氧化硫}$、$C_{氟化物}$、$C_{氮氧化物}$分别表示用于吸收到的二氧化硫、氟化物、氮氧化物的治理环境污染费用（元/千克）；$Q_{二氧化硫}$、$Q_{氟化物}$、$Q_{氮氧化物}$分别表示单位面积吸收二氧化硫、氟化物、氮氧化物量［千克/（公顷·年）］，针叶林$Q_{二氧化硫}$取215.60，$Q_{氟化物}$取0.50，$Q_{氮氧化物}$取6.0；阔叶林$Q_{二氧化硫}$取88.65，$Q_{氟化物}$取4.65，$Q_{氮氧化物}$取6.0。

根据表3-2可知，二氧化硫、氟化物、氮氧化物的治理费用分别为1.20元/千克、0.69元/千克、0.63元/千克。根据式（3-2）计算可得，2017年内蒙古大青山自然保护区森林生态系统的年吸收二氧化硫的价值为2201.01万元，年吸收氟化物的价值为54.93万元，年吸收氮氧化物的价值为69.90万元，年吸收大气污染物的价值为2325.84万元，如表3-5所示。

表3-5 2017年大青山自然保护区森林生态系统的吸收污染物价值

单位：万元

类型	年吸收二氧化硫	年吸收氟化物	年吸收氮氧化物	年吸收大气污染物
价值	2201.01	54.93	69.90	2325.84

因此，2017 年内蒙古大青山自然保护区的年大气调节价值为 35686.86 万元。

3.4.2.2 保育土壤价值

各种森林植被盘根错节的根系可以有效改善土壤的理化性质，如土壤结构、孔隙度、渗透性等，并且能够增加土壤养分元素以及有机质含量，有降低土壤的侵蚀力、保持土壤的肥力等功能。本书选取改良土壤和保持土壤肥力价值，采用影子价格法进行评估。计算公式为：

$$U_{肥} = A(X_2 - X_1)\left(\frac{NF_1}{R_1} + \frac{PF_2}{R_2} + \frac{KF_3}{R_3} + MF_3\right) \tag{3-3}$$

其中，$U_{肥}$ 表示林分年保肥价值（元）；A 表示林分面积（公顷）；N、P、K、M 分别表示土壤平均含氮、磷、钾和有机质含量（%），N = 1.36，P = 0.35，K = 7.39，M = 2.74；R_1、R_2 分别是磷酸氢二铵化肥含氮、磷量（%），R_3 表示氯化钾化肥含钾量（%）；F_1、F_2、F_3 分别表示磷酸氢二铵、氯化钾和有机肥价格（元/吨），$F_3 = 1400$。

根据式（3-3）计算可得，内蒙古大青山自然保护区森林生态系统林地的年保育土壤价值为 103027.43 万元。

3.4.2.3 固碳释氧价值

通过植被的光合作用，森林生态系统将二氧化碳和水源源不断地转化成有机物和氧气。作为陆地生态系统中最大的碳库，森林生态系统的碳储量在总碳储量中占比很大。森林中的植被吸收大气中的二氧化碳，并向大气中释放大量氧气，以此来维持大气中的碳氧平衡，同时这个过程也能很好地减缓温室效应的发生。本书选取固碳价值和释氧价值进行价值评估，其中森林的蓄积量为 344.19 万公顷。

（1）固碳价值，采用影子工程法，计算公式为：

$$U_{碳} = A C_{碳}(1.63 R_{碳}Y_{年} + F_{土壤碳}) \tag{3-4}$$

其中，$U_{碳}$ 表示林分年固碳价值（元）；$C_{碳}$ 表示固碳价格（元/吨）；$R_{碳}$ 表示 CO_2 中碳的含量（%）；$Y_{年}$ 表示林分净生产力［吨/（公顷·年）］；$F_{土壤碳}$ 表示单位面积林分土壤年固碳量［吨/（公顷·年）］；A 表示林分面积（公顷）。

根据表 3 - 2 可知，固碳价格为 1200 元/吨。根据式（3 - 4）计算可得，2017 年内蒙古大青山自然保护区森林的年固碳量为 75.91 万吨，年固碳价值为 91095.70 万元。

（2）释氧价值，采用影子工程法，计算公式为：

$$U_氧 = A1.19\,C_氧 V_氧 \tag{3-5}$$

其中，$U_氧$ 表示林分年释氧价值（元）；$C_氧$ 表示氧气价格（元）；$V_氧$ 表示单位面积年林分净生产力的机会成本 ［元/（公顷·年）］；A 表示林分面积（公顷）。

根据表 3 - 2 可知，制造氧气的价格为 1000 元/吨。根据式（3 - 5）计算可得，2017 年内蒙古大青山自然保护区森林的年释氧量为 203.10 万吨，年释氧价值为 203094.80 万元。

因此，2017 年内蒙古大青山自然保护区森林年固碳释氧价值为 294190.50 万元，如表 3 - 6 所示。

表 3 - 6　2017 年内蒙古大青山自然保护区森林生态功能的固碳释氧价值

单位：万元

类型	年固碳价值	年释氧价值	总计
价值	91095.70	203094.80	294190.50

3.4.2.4　物种保护价值

森林生态系统中物种资源最丰富，是自然界生物的主要栖息地。在所有生态系统中，森林生态系统能够很好地维持生态系统的完整性和连续性，极大地提高了物种的生存能力，使其生物多样性最丰富。大青山自然保护区位于蒙古高原的温型草原与大青山以南暖温型草原的交会处，以其优越的地理、气候位置，成为了众多的动植物良好的栖息和繁殖场所。本书选取生物多样性价值，采用成果参照法进行评估，计算公式为：

$$U_生 = A\,V_损 \tag{3-6}$$

其中，$U_生$ 为生物多样性保护的价值（元）；$V_损$ 为单位面积年物种损失的机会成本（元/公顷）；A 为林分面积（公顷）。

由《森林生态系统服务功能评估规范》（LY/T 1721—2008）中的规定可知，当指数≤1 时，单位面积森林的物种损失成本价为 3000 元。根据式（3-6）计算可得，2017 年内蒙古大青山自然保护区森林的物种保护价值为 55470.60 万元。

3.4.2.5 涵养水源价值

森林生态系统对预防洪涝灾害、保护水资源的利用方面发挥着重大的作用。大青山自然保护区的森林资源与黄河水的质量有很大的联系，对土默特川平原的工农业生产和生活用水具有重要意义。本书选取调节水量价值，采用替代工程法进行评估。计算公式为：

$$U_{调} = A10 C_{库}(P - E - C) \tag{3-7}$$

其中，$U_{调}$ 表示林分年调节水量价值（元）；P 表示年降水量（毫米）；E 表示年林分蒸发量（毫米）；C 表示年地表径流量（毫米）；$C_{库}$ 表示水库建设单位库容投资（元/立方米）；A 表示林分面积（公顷）。

根据现有资料，初步估计大青山自然保护区森林年涵养水源能力为 1722 万吨。以水库建设单位库容 6.10 元/吨的投资价格估算，内蒙古大青山自然保护区森林年涵养水源价值为 10504.22 万元。

3.5 大青山自然保护区森林生态系统服务功能价值评估结果

根据以上评估，2017 年内蒙古大青山自然保护区森林生态系统的年总生态价值为 503879.61 万元，各项评价指标森林生态系统服务功能总价值及百分比如表 3-7 所示。其中，景观游憩价值为 5000.00 万元，大气调节价值为 35686.86 万元，保育土壤价值为 103027.43 万元，固碳释氧价值为 294190.50 万元，物种保护价值为 55470.60 万元，涵养水源价值为 10504.22 万元。

表3-7 2017年内蒙古大青山森林生态系统服务功能总价值

服务功能	评价指标	指标价值（万元）	总价值（万元）	占比（%）
景观游憩	森林旅游收入	5000.00	5000.00	0.99
大气调节	滞尘价值	33361.02	35686.86	7.08
	吸收大气污染物价值	2325.84		
保育土壤	改良土壤和保持土壤肥力价值	103027.43	103027.43	20.45
固碳释氧	固碳价值	91095.70	294190.50	58.38
	释氧价值	203094.80		
物种保护	生物多样性价值	55470.60	55470.60	11.01
涵养水源	调节水量价值	10504.22	10504.22	2.08
合计	—	503879.61	503879.61	100

内蒙古大青山自然保护区森林生态系统各具体评价指标生态服务功能价值的大小顺序为：吸收大气污染物价值＜森林旅游收入＜调节水量价值＜阻滞降尘价值＜生物多样性价值＜固碳价值＜改良土壤和保持土壤肥力价值＜释氧价值，如图3-2所示。从各具体评价指标所占总价值的比例看，固碳释氧生态功能价值最大，但是景观游憩的价值却不到1%。固碳价值、释氧价值、改良土壤和保持土壤肥力价值和生物多样性价值占总价值的比例分别是40.31%、18.08%、20.45%、11.01%，共占森林生态系统服务功能总价值的89.85%。可以看出，

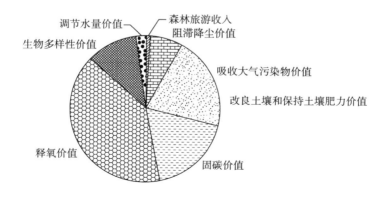

图3-2 内蒙古大青山自然保护区森林生态系统具体评价指标占比示意图

这四项生态服务功能是大青山自然保护区森林生态系统的主体部分。大青山自然保护区山峦此起彼伏,有众多河谷和丰富的植被资源。随着海拔高度和地势的变化,植物的类型也随之改变,很多的珍稀动物把大青山作为重要的栖息和繁殖场所,物种多样性比较丰富。

综上可知,我们在开发和利用森林资源时,既要保护森林资源,又要让其在森林生态系统中发挥更高效的服务功能。

3.6　结　论

根据国家林业局发布的《森林生态系统服务功能评估规范》(LY/T 1721—2008),对内蒙古大青山自然保护区森林生态系统生态服务功能的6个功能类别和8个服务评价指标体系进行评价。由于统计数据不足、生态效益的研究方法比较多、地域因素等不同客观因素带来的限制,同时评价功能体系也不全面。本书只对森林生态系统服务功能价值做了粗略的估算。内蒙古大青山自然保护区森林生态系统服务功能的总价值远远大于本书所评估的价值。内蒙古大青山自然保护区森林资源的直接价值没有得到很好的发展,应该加强对此方面的重视。

本书在深入分析研究地区现状和存在问题的基础上,提出以下几点可持续发展对策:

(1)健全保护管理机构和制度,实现规范化管理。对生态旅游加强管理,最重要的是旅游区的布局规划。坚持以自然景观为主,维持保护区内原有的特色生态景观,保护好森林植被。保护区要发展独特的旅游资源,通过自然资源和景观吸引游客,增加游客数量,提高旅游收入。

(2)调整林分结构,加强森林资源保护力度,促进林业可持续发展;发挥保护区森林资源优势,突出特色;保持其生态系统的完整性和连续性。森林资源保护对推进野生动植物保护,特别是维护良好生态环境,打造科研教育基地,实施经济可持续发展战略，实现人与自然的和谐发展。

（3）完善基础设施建设，提高保护管理水平；完善科研监测体系，提高科技含量；加强宣传教育力度，提高社会生态安全意识。国家越来越重视自然保护区的保护和建设，加大了对自然保护区建设的投资力度。地方政府也应该完善大青山自然保护区的设施和设备，提高大青山自然保护区的管理水平，加强草原森林保护修复，推动流域综合治理与湿地保护修复，强化土地沙化荒漠化防治，完善生态保护制度，保持加强生态文明建设战略定力，筑牢我国北方重要生态安全屏障。

4 赤峰市土地利用结构演变及合理利用途径分析

4.1 引言

土地是人类赖以生存和发展的基础，在人类社会中发挥着极其重要的作用。土地利用结构是一定范围内的各种用地之间的比例关系或组成情况。因此，通过对研究区的土地利用结构演变及其合理配置进行分析研究，可以对研究区的整体社会经济结构进行分析，对区域产业结构进行优化，从而促进经济的合理发展。

本章以内蒙古赤峰市为研究区域，以 2005～2020 年土地利用现状数据为基础，来分析赤峰市的土地利用变化情况，并针对赤峰市土地利用结构的特点和存在的问题提出相应的建议和措施。

4.1.1 研究背景

土地作为一种重要的生产资料和天然的资源，在现代人类社会中有着极其重要的作用。土地利用结构是一定范围内的各种用地之间的比例关系或组成情况[①]。近年来,在我国当前社会经济不断发展的情况下,土地需求量越来越高,土地开发利用速度也越来越快,与此同时,土地的原有利用途径也在发生着变化,伴随而来的是土地的滥用和低效利用,造成了一系列的社会、经济和生态问题。

在我国当前人多地少以及土地保护工作开展不充分的情况下,我国土地的质和量都无法得到有效保证。为了保护土地以及实现土地的科学、高效利用,有必要对当前土地利用途径进行分析,结合现实情况,找到一条有利于经济发展,同时也可以保护环境生态的合理途径。

4.1.2 研究目的

以内蒙古赤峰市作为研究区域进行研究,结合本地区十年来的遥感影像以及统计年鉴,对赤峰市的土地利用结构及其演变进行综合分析,并且结合赤峰市的实际情况,提出优化赤峰市土地利用结构的实施方案以及相关的措施和建议,进而促进赤峰市达到科学、合理利用土地的目标。

4.1.3 研究意义

通过对赤峰市的土地利用结构及其演变进行分析,探讨土地合理利用途径,为赤峰市未来更好地土地利用以及经济发展提供一条合理途径。

近年来,赤峰市的人口总体数量不断扩大,但耕地总体数量增长过慢,人口和耕地的不同步发展促使全市人均耕地总体数量逐年缩小,人地之间的矛盾问题日益凸显。随着我国人口的进一步扩大,生活规模增长和国民经济建设的快速推进,人口需求和土地利用之间的矛盾必将继续扩大,一旦处理不妥,将成为制约

---

① 路昌.肇源县土地利用结构优化研究〔D〕.东北农业大学硕士学位论文,2014.

赤峰市国民经济和社会发展的瓶颈。进入新时代，赤峰市的国民经济发展呈现出强劲的快速上升趋势，生产总值和人均收入增长率实现了持续大幅度的提升，经济年均增长率不断提高，赤峰市正在迈向新一轮的经济发展上升阶段。我国土地资源总量是有限的，在今后很长一段时期内，经济社会的发展和土地资源保护之间的矛盾将越来越凸显。通过对赤峰市的土地利用途径和方法进行分析并对其进行了优化和调整，最终可以使赤峰市的土地综合利用能够做到经济、社会、生态三个主要效益相结合的统一，这有利于区域经济繁荣、社会和谐发展。

4.2 研究区概况及数据基础

赤峰市位于内蒙古自治区的东南部，是蒙冀辽三个省份的交叉口，地处北纬 41°17′~45°24′，东经 116°21′~120°58′，交通四通八达。下辖三区、两县、七旗，是一个以蒙古族为主体、汉族居多数的民族聚居地区。赤峰拥有悠久的历史以及灿烂的文化，在这里出土了"中华第一龙"碧玉龙，被誉为"玉龙之乡"①。

4.2.1 自然地理条件

赤峰地区属中温带半干旱大陆性季风气候区，夏热冬冷，年温差较大，全年平均气温为 0~7℃。赤峰市的主要流域有老哈河流域、教来河流域、乌尔吉沐沦河流域、西拉沐沦河四大流域，四条主要流域在赤峰境内的土地流域面积共77790.59 平方千米；此外，赤峰市藏有各类富含矿物质的石灰岩等矿产品矿物种类 70 余种，矿产地分布在 1000 多处，其中金属矿产主要包括锌、铜、钼、铅、钴、铁、铬、金、钨、锰、锡、铌等。其他的天然燃料资源矿产主要包括大

---

① 王旺盛. 赤峰市政府工作报告［N］. 赤峰日报，2021 – 02 – 22.

型煤炭、泥质煤和页岩等，煤炭在我国赤峰市地区资源分布广泛，其中大型煤田的煤炭储量大部分都是集中于平庄、元宝山等地，这几处大型煤田的煤炭储量约占到目前赤峰市总自然资源矿产储量的79%。

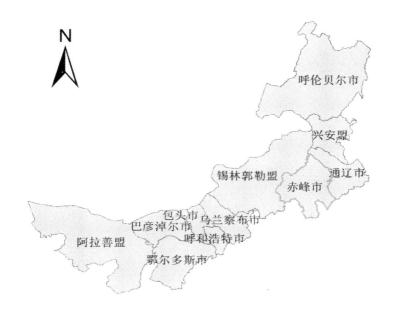

图4-1　赤峰市地理位置示意图

4.2.2　社会经济条件

2020年赤峰市常住人口433.09万，比2019年末增加了9100人。其中，城镇常住人口221.35万，占总人口的51.11%，比2019年末提高了0.75个百分点。户籍人口城镇化率为30.98%，比2019年末提高了0.1个百分点。年出生人口37400人，出生率为8.13‰；死亡率为4.71‰；人口自然增长率为3.42‰。2020年实现地区规模以上生产总值1763.6亿元，按照可比方式来计算，比2019年增长了1.4%。第一产业新增经济总额346.4亿元，增长了0.8%；第二产业新增经济总额550亿元，增长了6.4%；第三产业新增经济总额867.2

亿元，同比下降 1.4%。全年一般公共财政预算业务收入 118.2 亿元，比 2019 年增长了 7%。全体城镇农村居民人均最低生活可支配收入达 23663 元，比 2019 年同期大幅增长了 3.7%。全市城镇居民人均住宅房屋建筑使用面积平均为 32.2 平方米，与 2019 年基本持平。2020 全年各种农作物综合播种面积已经累计达 142.2 万公顷，比 2019 年同比增长了 0.3%。其中，粮食作物的平均播种面积达 111.2 万公顷，增长了 0.7%；经济作物的平均播种面积 31 万公顷，下降了 1%。粮食工业总产量 611.7 万吨，比 2019 年同比增长了 1.1%。

4.2.3　数据来源与处理

本书通过对 2005～2020 年赤峰市土地利用变更调查结果、《赤峰市统计年鉴》进行分析，并且通过 ArcGIS 软件对赤峰市的土地利用现状数据进行了综合分析，结合土地本数据的分类编码（见本章附录），将赤峰市的土地按照耕种、林地、草地、水域和其他水利设施的用地、城乡村和工矿用地、其他土地的类别进行分类，共计 6 种土地利用类型。

土地利用类型图的处理：利用 ArcGIS 对 2005 年和 2020 年两个年份的土地利用遥感数据（1 千米栅格数据）进行裁剪，按照土地利用类型代码对图上土地进行重命名，可以得 2005 年和 2020 年两个年份的土地利用类型图（见图 4 -2、图 4 -3）[①]。

土地利用类型转移矩阵的处理：使用已经制作好的土地利用类型现状图，按照统一的土地利用类型一级编码对数据进行重分类，对两期数据的矢量进行相交分析，并计算面积，最后导出制作数据透视表。

---

① 中国科学院资源环境科学与数据中心。

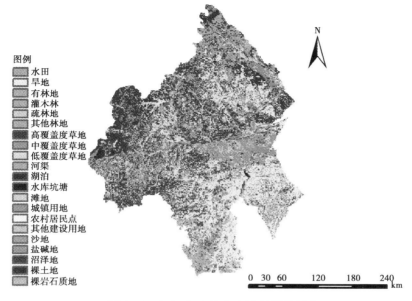

图例
- 水田
- 旱地
- 有林地
- 灌木林
- 疏林地
- 其他林地
- 高覆盖度草地
- 中覆盖度草地
- 低覆盖度草地
- 河渠
- 湖泊
- 水库坑塘
- 滩地
- 城镇用地
- 农村居民点
- 其他建设用地
- 沙地
- 盐碱地
- 沼泽地
- 裸土地
- 裸岩石质地

图 4-2 2005 年赤峰市土地利用类型图

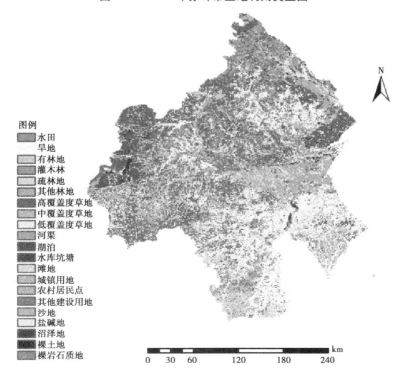

图例
- 水田
- 旱地
- 有林地
- 灌木林
- 疏林地
- 其他林地
- 高覆盖度草地
- 中覆盖度草地
- 低覆盖度草地
- 河渠
- 湖泊
- 水库坑塘
- 滩地
- 城镇用地
- 农村居民点
- 其他建设用地
- 沙地
- 盐碱地
- 沼泽地
- 裸土地
- 裸岩石质地

图 4-3 2020 年赤峰市土地利用类型图

4.3 赤峰市土地利用结构演变分析

4.3.1 土地利用现状

据 2020 年赤峰市土地发展规划情况调查结果显示,赤峰市共有耕地 1411077.81 公顷,占到了土地开发总面积的 16.23% 以上,林地开发面积合计为 2646260.05 公顷,占当年全市整体土地开发总面积的 30.49%;牧草地面积达到了 3878798.20 公顷,占到了土地总面积的 44.63%;城镇村及工矿用地面积为 273449.55 公顷,占全市全年国有土地规划总面积的 3.14%;水域及水利设施用地面积为 170255.30 公顷,约占全市全年国有土地规划总面积的 1.96%;其他建设项目占用土地的总建设规划用地面积大约是 308716.85 公顷,占全年国有土地规划总面积的 3.54%。如图 4-4 所示。

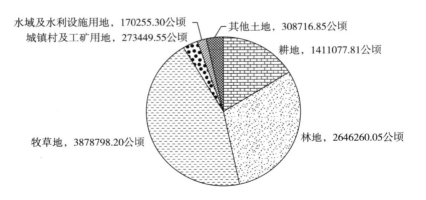

图 4-4 2020 年赤峰市土地利用类型

4.3.2 土地利用结构变化

土地利用变化的幅度与不同利用类型土地的变化趋势有关。通过分析不同类型土地利用的幅度变化，可以反映出当地土地利用变化的总体情况和土地利用的结构变更信息，其公式为：

$$\Delta U = U_b - U_a \tag{4-1}$$

其中，U_b 表示在研究末期某一土地利用类型的土地总面积，U_a 表示在研究期初特定类型的土地总面积。根据式（4-1）可以计算得到赤峰市全部土地资源的变动幅度，如表 4-1 所示。

表 4-1　2005～2020 年赤峰市土地利用数量变化　　单位：公顷，%

土地利用类型	2005 年		2020 年		土地利用变化幅度		动态度
	面积	比例	面积	比例	面积	比例	
耕地	1005878.84	11.39	1411077.81	16.23	405198.97	40.00	4.00
林地	1996548.44	22.60	2649260.05	30.49	652711.61	32.69	3.27
牧草地	5026163.80	56.90	3878798.00	44.63	-1147365.80	-22.82	-2.28
城镇村及工矿用地	201543.47	2.40	273449.55	3.14	71906.08	35.67	3.57
水域及水利设施用地	150640.71	1.70	170255.30	1.80	19614.59	13.02	1.30
其他土地	310782.50	3.60	308716.85	3.54	-2065.65	-0.66	-0.07
土地总面积	8691557.56	100.00	8691557.56	100.00	0.00	0.00	0.00

土地利用类型动态度是指本研究区一定时间范围内某种土地利用类型的数量变化情况。其表达式为：

$$K = \frac{U_b - U_a}{U_a} \times \frac{1}{T} \times 100\% \tag{4-2}$$

其中，K 表示的是研究时期内某一利用类型土地的动态度，U_b 表示在研究末期某一土地利用类型的土地总面积，U_a 表示在研究期初特定类型的土地总面积，

T 表示研究时段的长度。当 T 的平均时间周期间隔值被设置为一年时，K 就应该代表我们研究某一地区时某一利用类型土地综合利用资源类型的平均年周期变化率。运用土地利用动态度分析土地利用类型的动态变化，可以准确地反映出研究区域内一种土地利用类型的变化程度[1]。

如表 4 - 1 所示，2005 ~ 2020 年赤峰市在全市土地资源利用变动的幅度分析方面，林地、耕地、城乡村以及工矿用地、水域和水利设施用地分别增加了 640014.89 公顷、405198.97 公顷、31252.21 公顷、19614.59 公顷。其他土地以及牧草地面积呈减少趋势，分别减少了 2065.55 公顷和 1147365.8 公顷。

2005 ~ 2020 年赤峰市对于土地资源综合利用类型动态程度变化情况分析如下，差异严重程度依次分别为耕种作物用地（4.0%）、城镇村和工矿业用地（3.57%）、林地（3.27%）、牧草地（－2.282%）、水域及其他水利设施用地（1.302%）、其他占有土地（－0.07%），如图 4 - 5 所示。

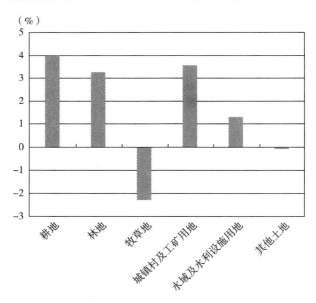

图 4 - 5　赤峰市土地利用类型动态

---

① 包塔娜. 基于京津冀协同发展战略的内蒙古接壤地区土地利用优化研究 [D]. 内蒙古师范大学硕士学位论文, 2018.

4.4 土地利用结构演变分析以及土地利用中出现的问题

将 2005 年和 2020 年的土地利用现状数据进行叠加分析可以得到 2005~2020 年赤峰地区土地利用转移矩阵表（见表 4－2）。由表 4－2 可知，2005~2020 年土地利用变化表现为面积基数最大的草地和的转出量最高。2005~2020 年，耕地主要由农村草地形式转入，而城乡、工矿、居民用地则主要由其他两种农村利用耕地形式转入；2005~2020 年，因为农村退耕还林相关政策的不断出台和深入实施，耕地已经逐渐成为农村草地的主要转入和回收来源，未开垦利用的农村土地则主要从草地和林地两种形式进行转入。从转出类型来看，2005~2020 年，草地转出最多，其次是未利用土地。

表 4－2 2005~2020 年赤峰市年土地利用类型转移矩阵分析

地类	耕地	林地	草地	水域	城乡、工矿、居民用地	未利用土地
耕地	1005878.845	98248.73287	390454.2795	33071.82974	72427.41423	18388.83128
林地	87755.41846	766822.7941	337269.4831	3930.846469	5989.728487	13132.61899
草地	464687.6607	331641.8027	3384118.771	21054.81204	48282.85161	208210.2433
水域	32798.98392	4649.075	20267.79329	78196.44483	2920.220656	10500.4392
城乡、工矿、居民用地	65697.8146	6470.0461	37328.19118	4010.816475	50779.93457	5636.193706
未利用土地	25309.83128	12009.85827	210047.6482	6523.168544	6753.841637	441378.6851

分析结果表明，研究期间，赤峰市草地和其他用地的土地利用规模呈现出大

幅度下降的趋势；与之相反，农用地和建设用地的用地规模则呈现出上升趋势。在这些土地变动的规模中，草地的减少面积最大，其次是其他土地的用地规模。在土地利用的动态度变化方面，耕地的变动幅度最大，城镇村及工矿用地的变动幅度次之，反映出研究期内农业的发展以及建设用地的快速发展。

赤峰市土地利用中存在以下问题：

4.4.1　土地沙化问题严重

赤峰市耕地在冬季一直处于较干旱的状态，加上部分草地的退化造成相当一部分的土地裸露，赤峰市春季的大风天气使当地经常出现漫天风沙，这部分风沙也成为京津冀地区风沙的主要来源之一。虽然赤峰市已经开始对现存的沙地进行整治，但仍存在着较大面积的沙地和裸土地。

4.4.2　土地利用率较低

赤峰市的耕地资源潜力十分巨大，有相当多的耕地连片存在，非常适合进行规模化生产，但当前还没发展到理想化的程度，很多的土地还是独立进行生产活动，生产效益不高，更有一部分耕种旱地的农民靠天吃饭，受自然因素的影响非常大，严重降低了土地的利用效率。

4.4.3　草地退化严重

赤峰市草地面积广阔，但因为耕地的大面积扩展和畜牧业的无序扩张，赤峰市相当一部分的草地已经退化为裸土地甚至是沙地，严重影响了当地的水土保持能力，给生态环境带来了相当大的压力。

4.5 赤峰市土地利用合理途径优化政策及保障措施

4.5.1 优化政策

4.5.1.1 保护耕地，优化农地利用

随着经济的不断发展，各种建设对土地的需求越来越大，而与此同时，赤峰市位于生态建设区范围内，对土地利用的要求更加严格。为了有效保护赤峰市的土地和资源，保证对土地的合理开发利用，必须要制定严格且合理有效的政策来保护赤峰市土地尤其是耕地资源，严格执行耕地保护，减少对耕地的占用。首先是通过土地复垦、开发等途径增加土地数量。其次是通过生物、工程等措施，提升土地的修复能力，避免土地的沙化。最后是大力建设高标准农田，推广农田水利，提高产量，节约资源。严格保护基本性农田，对于破坏农田以及违法占用农田的行为必须依法严惩。

4.5.1.2 综合规划林地、牧草地以及其他用地

牧业是赤峰市的支柱性产业，但同样因为经济发展，有相当一部分牧草地转化为其他利用类型的土地，更有部分牧草地因为牧民盲目扩大牲畜规模，导致牧草地退化为沙地或裸土地。为了保护牧草地，保证赤峰市牧业的发展，应对草地资源进行科学开发，坚持用养结合，合理控制放牧数量，对牧区草场进行划分，禁止在草地退化以及生态区内放牧，在草场退化地区应实行退化沙场整治和围封撤退，帮助草地生态系统恢复[①]。持续发展植树造林，发展更加可持续的林业经济，改善当地绿化情况。对于矿区等土地应严格按照规划进行土地复垦以及修

---

① 梁庆伟，张晴晴，娜日苏，等. 赤峰市牧草产业发展特点、存在的问题及发展对策［J］. 黑龙江畜牧兽医，2019（6）：7-10.

复，保证土地的后续利用不受影响。加强赤峰地区的沙地治理，实行治理与开发并存的方式，发展沙地旅游资源，在改善环境的同时增加居民收入，发展经济。

4.5.2 保障措施

4.5.2.1 法律保障

在严格地遵守与国家有关的法律法规的同时，也一定要根据自己的地区特点，结合地区发展情况，探索出一条适合地区发展的途径，制定出相关的规范，使土地利用有法可依，明确有关机构的职责，维护法律法规的地位。在法规制定以后要将法规进行宣讲，教育民众自发遵守，避免出现违反法律法规的情况。

4.5.2.2 行政保障

首先要健全行政管理措施，使行政权力能够有效管理土地利用过程中发生的各种情况，其次要对权力的使用进行监管，避免权力的滥用，导致违法违规的情况出现。强化管理过程的监督机制，规范管理行为，使管理人员能够尽职尽责地管理好土地利用。

4.5.2.3 技术保障

发展先进技术，建立完善的土地利用规划以及管理系统，为后续的土地利用规划做铺垫。培训工作人员，提高专业工作能力，增强机构的效率，保证相关规划和政策的合理有效。

4.6 结论与讨论

4.6.1 结论

随着赤峰市相关的法律法规以及人民群众生态环保意识的进一步提高，赤峰市的耕地资源保护工作虽然取得了非常大的进展和成效，但由于其土地资源利用的基础不是十分发达，目前在土地资源配置中还是存在一些问题，首先是耕地利用效益不高，赤峰市的人均耕地面积为 0.36 公顷，约为全国平均水平 0.097 公顷的 3 倍，但是耕地利用效益差，经常是广种薄收的情况。其次是建设项目用地的集约利用程度也非常低，以至于为了满足用地需求而不断增加建设用地面积，从而严重威胁到了耕地以及其他资源的利用。与此同时，赤峰市的土地市场发展条件也不够健全，降低了土地的利用效率。本书将赤峰市作为研究对象，结合地区相关情况以及政策，通过对赤峰市的土地利用结构进行分析，并得出合理优化途径。研究的结果表明：对于现有土地利用结构进行了优化，节约和集约利用各类土地，加强耕地、草地、林地的保护，协调经济发展与生态环境建设之间的关系，能够使地区得到更好的发展，实现经济与环境的共赢。结合地区特点，发挥出地区发展的潜力。

4.6.2   讨论

由于本人经验有限，在本书的写作中，无法对一些数据进行更深入的处理，得到更优化的结果，这些在今后都有非常大的优化空间。本书研究地区概况主要是依靠大量资料的收集，以及相关学术文献的收集和查阅，不可避免地对一些问题以及原因，甚至结论等产生了影响，一定方面缺乏深度和创新。本书针对研究区提出的对策和措施在实施中是否具有借鉴价值还有待实践检验。

附　录

土地利用分类编码

名称	一级编码	名称	二级编码
耕地	1	水田	11
		旱地	12
林地	2	有林地	21
		灌木林	22
		疏林地	23
		其他林地	24
草地	3	高覆盖度草地	31
		中覆盖度草地	32
		低覆盖度草地	33
水域	4	河渠	41
		湖泊	42
		水库坑塘	43
		永久性冰川雪地	44
		滩涂	45
		滩地	46
城乡、工矿、居民用地	5	城镇用地	51
		农村居民点	52
		其他建设用地	53
未利用土地	6	沙地	61
		戈壁	62
		盐碱地	63
		沼泽地	64
		裸土地	65
		裸岩石质地	66
		其他	67
海洋	7	海洋	99

5 经济新常态背景下房地产业可持续发展情况及对策研究

——以包头市为例

5.1 引言

经济新常态是指在结构不断优化基础上实现经济可持续发展。其基本要义是在发展的基础上推进增长。伴随着经济新常态的到来，国家为了遏制房价上涨并维持房地产业的平衡与可持续发展，进一步稳固其作为国家支柱型产业的地位，继续发挥其对城镇化、工业化进程的推动作用。调整和优化房地产行业结构，协同与宏观经济的发展，陆续出台了一系列房地产的宏观调控政策，中国的房地产市场也随之进入了发展的关键时期。

包头市作为内蒙古制造业和工业中心，同时也是呼包榆鄂城市圈的中心城市。但作为国家的三线城市，其房地产业的发展相比于北上广深等发达的超一线和新一线城市有所不同，有其自己的特点和发展逻辑。本书以包头市为例，通过对其现状及发展过程中存在的问题进行研究，进一步分析导致问题的原因和影响因素，最后，针对以包头市为代表的中小城市房地产经济可持续发展中面临的困难，提出切实可行的对策和建议。以防止房地产泡沫破裂，实现房地产行业的软着陆，使包头市和我国的房地产经济能够在契合国家经济新常态的大背景下进入理性、均衡的可持续发展状态。

5.1.1　研究背景

我国的住房制度自 1988 年发生了重大的变革。经过三十多年的发展，房地产行业经历了从零开始，从分散到大规模的快速发展过程。房地产业在推动我国的城市化和工业化进程中，带动了相关上下游产业的发展，在改善国民的生活条件等方面发挥了巨大作用，也为现代经济社会系统的运行发展注入了新的活力。同时，由于经济发展程度不同，全国各城市的房地产业呈现出不同的发展趋势和发展困境。

随着全国和包头市房地产业的飞速发展，房价居高不下、土地资源未得到充分利用、库存率较高，房地产行业未来发展潜力严重透支以及行政式的调控政策过于温和，缺乏长期稳定的政策目标等具体问题逐渐凸显。如何在持续发挥房地产业对国民经济带动作用的前提下抑制房价持续上涨，打击炒房、囤房等投机行为，建立长效监管调控机制规范房地产市场秩序，防止房地产泡沫破裂，实现房地产业的可持续与协调发展已成为迫在眉睫的重要议题。李英认为，在当前的房地产业环境下，不破坏子孙后代的居住环境且可以满足现代人的住房和生活要求，并为子孙后代提供一些帮助是房地产业可持续发展的核心要义。骈永富认为，房地产业的可持续发展的目的是在满足现代人的居住需求下更好地谋划未来。其原则是，在不损害大多数人利益的前提下来满足和实现对其特定的发展要求以及历史任务。因此，通过房地产业来刺激助推国民经济的发展，但这种发展绝不能影响社会的未来发展。

国家统计数据显示，2020 年，全国商品房销售额突破 17 万亿元，销售面积突破 17 亿平方米，全国平均房价为 9860 元/平方米。2011～2020 年，全国商品住宅价格年均增长率达 6.95%，商品住宅销售年均增长率达 5%。全国商品房销售额预计为 25 万亿 ~ 30 万亿元。在如此巨大的房地产业规模以及高速发展态势下，推动房地产业可持续发展刻不容缓。

5.1.1.1　研究目的

在深入了解我国和包头市房地产业的政府宏观调控政策的基础上，结合包头市社会、经济、人口、产业发展的区域状况，通过研究包头市房地产发展过程中存在的问题和影响因素，并进一步分析原因和深层次的结构矛盾。从包头房地产行业的发展现状、社会经济条件、存在的问题和影响因素等方面分析包头市房地产业发展面临的机遇与挑战，进而为其他地区的中小城市和三四线城市房地产业的可持续发展与协调发展提供相应的对策与建议。

5.1.1.2　研究意义

在我国和包头市的城市化进程以及社会经济发展过程中，房地产业的发展起到了非常重要的促进作用。在带动上下游产业发展、提高就业率、改善居民生活质量、协同金融业发展、推动基础设施建设提高城市化水平、增加国民经济总量等方面都发挥着重要作用。随着房地产业和住房制度进入调整改革期，房价已步入高位，研究包头房地产业发展中存在的问题，总结其中的发展变化规律，能够为政府采用有效的经济、政治、法律、行政手段规范市场行为，维护市场秩序，实现市场机制和政府调控之间的最佳耦合与协同作用，从而为保护房地产业的发展潜力，促进包头市房地产业可持续发展，推动房地产业与城市化进程的良性互动，实现房地产经济和宏观经济的协调发展。

5.1.2　国外研究现状

改革开放以来，住房制度的改革以及市场政策的利好，使以东部沿海发达城市为首的房地产业获得了快速的发展，我国的房地产业研究也相继拉开了帷幕。具有中国特色的房地产经济相关理论体系从无到有，日益完善充实。从单一追求规模和速度到可持续发展、绿色发展、均衡发展视角的转移，更加重视房地产经济的发展质量与效益分析。不同于国内房地产研究建立在社会主义市场经济体制的基础之上，国外房地产研究则是建立在资本主义市场经济体系的基础上。从发展历程和诞生节点来看，国外房地产研究历史更加悠久，实践经验更加丰富，理论体系也更加完善。对与房地产开发息息相关的房地产金融、市场周期性波动、投资与开发的众多相关领域的研究也较为充分。在分析和研究房地产经济的过程中，数据统计和动力学建模得到了充分、有效的利用。而国内房地产经济的研究更多借鉴了国外的研究成果，却较少使用数据统计和动力学建模进行分析，主要局限于对现状的分析、数据的整合以及研究成果的总结。

5.1.3　研究方法

本书的研究方法包括：①从理论方面来讲，以可持续理论、均衡发展理论、城市化理论为基础，以包头市现实情况为依托。②定量与定性分析齐头并进。通过定性分析方法对影响包头市房地产业可持续发展的因素进行筛选，同时也通过对包头市一系列的数据进行定量分析来说明包头市房地产业可持续均衡发展的程度。从包头房地产业的发展现状、社会经济条件，存在的问题和影响因素等方面分析了包头市房地产业发展的面临的机遇与挑战。进而为其他地区的中小城市和三四线城市房地产业的可持续发展与协调发展提供相应对策和建议。

5.1.4　技术路线

本章的技术路线如图 5 – 1 所示。

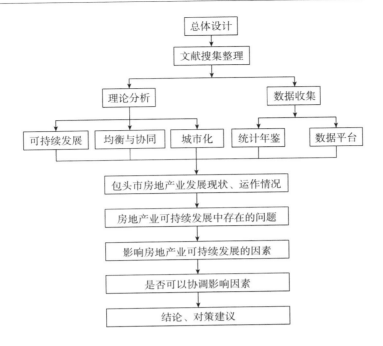

图 5 - 1　本章的技术路线

5.2　房地产业可持续发展的相关理论和概念界定

5.2.1　相关概念的界定

5.2.1.1　房地产

房地产是指覆盖于土地之上并永久附着于土地的一类实物，因而一般也被称为不动产。因其自身价值量巨大且可以在市场流通买卖，除基本的居住属性之外，还衍生了资本投资属性。随着社会主义市场经济的发展和国家取消福利性分房的相关政策以及房地产交易市场的完善，房地产的资本属性也被进一步放大。如今房地产和房地产行业已经成为市场交易和国民经济的重要组成部分。

5.2.1.2　经济新常态

经济新常态是指在经济结构对称态的基础（以主客体动态平衡为核心的生产各个要素之间的动态平衡过程）之上实现经济的可持续发展，以及产业结构的优化调整。经济新常态更关注在对称态基础上经济发展过程中的稳定性与可持续性，在此基础上实现更高的经济效益和发展质量，而不仅仅是追求经济总量的增长速度与经济规模最大化。

5.2.2　相关理论

5.2.2.1　可持续发展理论

可持续发展是指在满足当代人需求的前提下又不损害后代人满足其发展需求的能力为要义的发展模式，由环境、社会、经济三要素共同构成。对于房地产业而言，可持续发展意味着不能透支房地产业的发展潜力解决威胁房地产业健康的诸多问题，如能耗问题、环境保护问题、资源利用问题以及房地产业发展过程中自身存在的问题。通过平抑房价、严格管理土地供应、完善立法等途径实现房地产经济、社会、环境三者的和谐发展。

5.2.2.2　均衡与协同理论

作为微观经济学的分支，均衡理论寻求在整体的社会经济框架下解释供给、需求与价格的变化。协同理论是研究不同事物共同特征及其协同机理的交叉学科。近年来被广泛运用于社会经济等研究领域，探讨各子系统之间、子系统与宏观母系统之间从无序到有序，彼此影响相互协作的耦合内聚关系。对于房地产业发展来说，均衡理论指的是在市场体系完善、自主运作的条件下，使供给和需求在价值规律的作用下由价格自主调节以达到均衡的理想状态。协同理论则是处理好房地产经济与宏观经济的双向关系以实现二者的协同发展与相互促进。

5.2.2.3　城市化理论

城市化又称城镇化，是指随着一个国家和地区社会生产力的发展，社会形态由以农业为主的乡土社会向以工业和服务业为主的现代型社会的更替。其间也包括产业结构、人口职业和地域空间的变化，其中，城镇常住人口是城市化水平的首要测度指标。随着城市化进程的不断推进，城市建设用地需求不断扩张，决定了政府征用农村土地数量也逐年上升。2019 年，我国的城市化水平首次超过60%，估计到 2025 年中国的城市化率将达到 65.5%。但是，与发达国家的平均水平 80% 相比，很明显我国的城市化水平仍然有很大的提升增长空间。自 2015年获批国家新型城镇化综合试点城市以来，包头市城镇化进程取得了明显成效，房地产行业的发展也十分迅猛。2020 年包头市常住人口为 289.7 万，城镇化率达83.6%，住房自有率逾 90%。现已处于城镇化的后期阶段。从长期的经济发展规律来看，城市化水平的不断提高成为了房地产业发展的重要动力源泉。同样，房地产业的稳健发展也会加速城市化的进程。

住房自有率 = （居住于自有产权的住房家庭户数 ÷ 全部住房家庭户数）×

100%   (5 - 1)

5.3 包头市房地产业发展状况及影响因素

5.3.1 总体发展现状

20 世纪 90 年代之后，包头市房地产业进入市场阶段时期，但发展速度较快。特别是住房制度改革之后，房地产市场得以松绑，在地区经济和人口增长的助推下政府政策的利好下，包头市房地产行业获得了迅猛发展，市场交易总量不断扩大，市场体系日益完善。此外，工业和制造业积极谋求转型升级，保持了经济总量和居民人均收入的平稳增长，也拉动了房地产市场需求特别是改善性需求的增长。包头市统计局公布数据显示，2020 年包头市 GDP 总量为 2787.36 亿元，增量为 72.89 亿元，增速为 2.69%。GDP 总量位列内蒙古自治区第三，跌出全国 GDP 百强城市。但仍高于呼和浩特市的 0.33% 和鄂尔多斯市的 −1.98%。人均 GDP 由于包头市近年经济增速放缓，受房价已处于高位且受疫情冲击等不利因素 影响，购房者观望情绪更加浓厚，新房总体成交量有所下滑。2020 年前 11 个月 包头各区热盘共 45 个项目，成交商品房包括住宅、公寓、别墅共计 17513 套，成交总金额为 173.3 亿元。相比于 2019 年全年 38 个热盘成交 26074 套，成交量 有所下滑。但开发商出于获得更高投资回报率的考量，拿地热情不减。随世茂、万科等品牌房企入驻包头，土地成交面积也创近五年之最，成交均价环比上涨了 2.5%。新房价格方面受"三稳"政策调控继续保持稳定的小幅度上涨，新房成 交均价为 7879 元/平方米，5 年上涨了 25.5%。2020 年包头市商品房总成交面积 约 243.67 万平方米，疫情得到控制各行各业复工复产后，包头市房地产也加速 回暖。线上卖房、直播卖房成为疫情当下最便捷的工具和新兴渠道。为推动包头 市房地产业的可持续发展，包头楼市调控政策开始趋严，新政频出。2011 ~ 2020 年包头市社会经济情况如表 5 − 1 所示。

表 5 − 1　2011 ~ 2020 年包头市社会经济情况

年份	人均 GDP（元）	人均居住面积（平方米）	城镇居民人均可支配收入（元）
2011	108533	32.5	28845
2012	118936	33.1	33485
2013	127434	34.0	36576
2014	130676	34.9	35506
2015	132253	35.7	38098
2016	136031	36.6	40955
2017	141776	37.8	44231
2018	102653	38.9	47407
2019	93835	39.7	50427
2020	95668	40.3	52864

5.3.2 包头市房地产业发展过程中存在的问题

5.3.2.1 房价屡调屡涨，供需失衡

综观我国当前的房价状况，尤其是一些大城市的房价增长非常快，甚至与人们的购买力严重不相称。人们的实际承受能力与高房价之间存在很大差距。导致了严重的失衡现象，房价收入比过高。在全国房价"疯涨"，炒房者也到了最疯狂的时候，房价暴涨带来的巨大利润空间，吸引着大量的投资团体携资金涌入。在这个大背景下，2016 年底中央经济工作会议首次提出了"房住不炒"的概念。2019 年，党的十九大进一步将"房住不炒"和"因城施策"的理念上升为调控房地产行业发展的主基调。随后，与房地产业相关的部门陆续出台了与之配套的政策，限购限贷政策更是严厉打击了投机性购房需求。调控过后，一、二线城市房价增速有所回落。

但对于包头这样的三线城市来说，最近五年，由于外来人口流入以及包头市经济增速的放缓，包头市在全国范围内经济表现并不十分亮眼。尤其是当地铁项目停止后，更是扭转了人们对这座城市未来的发展预期，所以炒房者对包头市房地产业的投资热情并不很高，出于投资目的的购房需求占比也偏低。且随着包头市城镇化进程已处于后期发展阶段，城市对农村剩余劳动力的吸收能力也逐渐饱和达到峰值。另外，呼和浩特市作为首府城市对周边城市年轻人的吸引优势，都使包头市的人口流入增速持续放缓，最终导致由婚嫁、回迁引发的购房刚性需求不振。需要强调的是，"房住不炒"概念的提出是为了打击炒房投机行为，而不是为了阻碍房地产市场的繁荣发展。国家提出"因城施策"的调控理念，不实行"一刀切"的楼市调控政策，而是将市场涨跌交到市场和地方政府手中。所以，包头市政府为了继续充分发挥房地产对区域经济的带动作用，贯彻实施了稳地价、稳房价、稳预期的"三稳"政策。房价将会继续上涨的心理预期，使开发商的拿地热情和建设信心得以继续保持。因此，房地产市场出现了供大于求的供求失衡现象。

5.3.2.2 土地资源没有得到充分合理利用

很长一段时间以来，随着当前工业化、城市化的发展，尤其是住房改革以后，包头市作为重要的工业城市，制造业获得了快速发展，早期外来人口的大量涌入也导致了房地产业的飞速发展，商品房的开发建设也由此进入了发展的快车道。近年来，包头市将旧城区改造列为重点项目，并同时加快了新城区的建设步伐，城市建设用地需求量快速增长。与此同时，由于土地资源固有的不可移动性和稀缺性导致城市的发展与建设日益受到土地资源的制约，大量的耕地被占用，城市发展与土地合理利用之间的矛盾日益突出。这无疑为资源、环境带来了很大的压力。同时，高度市场化的土地"招拍挂"政策也使拿地价格高昂，土地购置成本占据了大部分的开发和建设成本。许多大型开发商也会选择在地价较低时期囤积大量土地，等待房价上涨到一定水平再进行开发，然后以较低的成本获得较高的收益。开发建设的滞后性致使土地在一定时期的闲置和土地利用的空窗期。这导致土地资源的不及时、不充分、不合理利用。2020 年受新冠肺炎疫情影响，各行各业发展按下了暂停键，可是土地成交数据却逆势上涨，多家知名房企纷纷落子包头，土地拍卖市场屡创新高，拿地热潮不断再现。住宅及商服用地成交面积和成交总金额相较于 2019 年分别增长了 104.84 亩和 21.65 亿元。土地成交总金额涨幅更是高达 44.6%。

5.3.2.3 房屋空置率较高，库存问题亟待解决

库销比是指在一个周期内商品房的平均库存（或周期期末库存）与本周期内总销售的比值。它是一个相对数，用来反映商品即时库存和周转率状况。库销比值越小说明商品周转率越高，商品越畅销，一般按照月份来计算。中国统计局数据显示，截至 2020 年底，全国百城新建商品住宅库存总量为 51971 万平方米，新建商品住宅存销比平均为 9.7 个月，而包头市的新建商品住宅存销比为 31.8 个月，换言之，包头市消化库存楼盘量需要用超 2 年 7 个月的时间，如图 5 - 2 所示。包头市库销比城市排名高居全国第二位。较高的库存量和库销比同样也是其他三、四线城市普遍存在的问题。

$$库销比 = 月末库存 \div 月总销售 \tag{5-2}$$

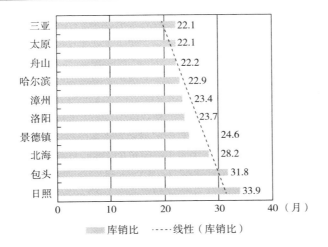

图5-2 全国百城新建商品住宅库销比周期前十排序

5.3.2.4 保障性住房建设与供应严重不足

近年来，包头市政府对保障性安居工程建设的重视程度不断提高，并把棚户区改造作为保障性安居工程的重点项目，但保障性住房覆盖率和建设总面积偏低，保障性住房投融资渠道单一，主要为银行贷款和政府投资。保障性住房供需矛盾十分突出。总体开工率也偏低。夹心层群体覆盖断层问题有待进一步解决。《包头市市区廉租住房和公共租赁住房配建办法》第四条规定，经济适用住房项目要按照项目住宅总建筑面积的5%比例配建。截至2019年8月，包头市城镇棚户区改造任务1488套，其中已开工建设396套，开工率为26.6%。协议签订征收协议396户，协议签订率为26.6%；拆除221户，拆除率为14.9%。

5.3.3 影响包头市房地产业可持续均衡发展的主要因素

包头市房地产业可持续发展的主要影响因素并不只是房地产业本身，还包含城镇化水平、社会经济发展水平、国家和地方政府政策法规、资源特别是土地资源利用程度等。包头市作为全国重要的工业城市，除了钢铁制造业之外，房地产业自身的乘数效应也深刻影响带动着其他上下游产业的发展兴衰。因此，研究影响房地产业均衡、可持续发展的因素至关重要。

5.3.3.1 房地产市场环境因素

现阶段，包头市房地产市场机制还不够健全，房地产资本属性被无限放大，民间投机"炒房"的漏洞依然存在。房地产开发商出于追逐利益的需要，房屋建设供应热情也居高不下。据包头市公共资源交易中心统计数据显示，截至 2020 年 12 月 26 日，包头全年出让成交用地 44 宗。其中，工业用地 20 宗，住宅商服用地 24 宗。土地成交数量较 2019 年保持不变。土地成交面积较 2019 年的 1819.79 亩增加到 1924.63 亩，增量 104.84 亩，如表 5-2 所示。土地成交金额较 2019 年的 48.5 亿元增长到 70.15 亿元，涨幅高达 44.6%。房地产企业出于营销策略的考量，捂盘惜售，部分购房者也持币观望。在信息不对称和价值规律的作用下，政府若不进行有效干预，极易造成供求失衡，导致房地产市场的恶性发展。

表 5-2　2011～2020 年包头市住宅及商服用地成交数据

年份	出让数（宗）	成交总面积（亩）	成交均价（元/平方米）
2011	78	6393.7	1347
2012	96	6349.8	1486
2013	102	5290.5	1699
2014	41	2464.65	2256
2015	25	1046.55	1234
2016	36	1901.85	1288
2017	35	1943.1	2455
2018	27	3304.8	2543
2019	24	1819.79	1516
2020	24	1924.63	2174

5.3.3.2 城镇化进程因素

在国家鼓励地方稳步提高城镇化水平的大背景下，城市优质的社会服务、完善的基础设施、更多的就业机会等优势化为人口流动的拉力。农村人多地少，边际产出效益低下，收入较低等劣势化为推力。二力的共同作用促使着农村过剩人口向城市大量转移，加之城市制造业、服务业的转型升级，棚户区改造，城市规划以及保障性住房的大面积开工，都推动着包头市房地产业继续保持稳定发展的态势。其中，城镇常住人口作为城市化水平测度的首要指标，截至 2020 年底，包头市常住人口 289.7 万，比 2019 年末增加 80 万人，其中城市人口 243.1 万，农村人口 46.6 万。常住人口城市化率为 83.9%，比 2019 年增长了 0.3%。随着包头市对农村剩余劳动人口和外来务工人员的吸收，包头市常住人口逐年上升。近年来，购房需求中改善性需求占比的大幅增加也将刺激房地产业的进一步发展。这有力证明了城镇化水平与房地产业密不可分、相互促进的关系。

5.3.3.3 社会经济因素

从包头市各区热盘成交数据来看，2020 年昆区的新房成交为 3775 套，成交均价为 7943 元/平方米，且主要集中在昆北区域。包头市各区中，九原区是在售新楼盘以及成交数量最多的区域。九原区新房成交共计 5268 套，成交均价在 9120 元/平方米。可见近些年来新都市区（位于九原区）的规划和建设对购买者产生了较强吸引力。而作为包头老城区的东河区表现也十分亮眼，2020 年新房成交 3162 套，成交均价 6832 元/平方米，仅次于九原区，位居包头市第二。对此，包头市政府在推进新城区建设的同时也应从政策上给予支持，推动老旧城区的改造激发其新的发展活力。努力把"蛋糕"做大，加快人均居民可支配收入的增长，增强居民消费购买能力，将意愿需求转变为实际需求，增加长板，补齐短板，从而实现区域整体经济的共同发展。

5.3.3.4 政策因素

房地产业的发展趋势长期看人口，中期看经济，短期看政策。国家宏观政策的调控特别是货币政策作为"有形的手"对房地产业的发展有着举足轻重的作用，通过对银行存款准备金率和贷款利率的规定，以及对居民购房首付比例的限制约束着供给和需求，令房地产市场能够快速降温回归理性。因此，其影响是迅速的、直接的也是十分有效的。但长期以来包头市房地产行业政策表现得过于温和，受全国大背景的影响呈现出短视、行政应付式的不良倾向。头痛医头，脚痛医脚，未能解决深层次的结构性矛盾。不管则乱，一管则废。缺乏一套行之有效的长期监测调控机制。

5.4 包头市房地产业可持续发展的对策建议

在经济新常态背景下，调结构，稳增长，保潜力，实现经济的可持续发展是时代发展的必然要求和题中应有之意。随着包头市房地产经济的快速发展，房地产市场出现了许多发展隐患和亟待解决的问题，为了优化调整房地产行业供应结构，继续发挥房地产经济对国民经济的带动增长作用，保护房地产经济发展潜力，抑制房地产泡沫，房地产相关部门出台了大量文件和法规条例。通过建立健全相关政策，推动实现房地产行业良性的可持续发展。但相比违规带来的高额利益，违法成本显得相对过低。多方主体（如地方政府）在财政创收驱动下，房地产开发企业在高额利益和回报率诱惑下，出现了相关部门重审批轻监管，包头市房地产企业在获地、开发、建设、后期服务中违规操作等不良现象。相关房企开发建设证件不完备，工期拖延以及施工质量不过关等问题。且部分开发商拿地后没有及时地进行土地开发造成了土地的闲置、浪费问题。与此同时，金融机构为了从房地产行业的高额利润中获利，降低了贷款利息和贷款门槛，放松了对贷款方的资质审查，为投机行为大开方便之门。这种现象不仅助长了"炒房"现象，还导致银行坏账和金融风险的增长。且由于房地产占用了大量的社会资源和物质资源，社会大量热钱疯狂涌入。因而资金链的断裂极易诱发房地产泡沫的破裂，进而威胁整体社会经济的正常运转。狂热的投机逐利行为也严重影响并扭曲了社会资源的分配以及包头市城市的整体规划。

如果要走可持续均衡发展的道路，就必须去做些改变。将房地产行业作为去杠杆的重要领域，逐步引导企业负债率、居民杠杆率逐步回到安全线以内，坚守不发生系统性金融风险的底线，引导房地产行业良性循环发展。因此，明确房地产发展的长期政策目标，建立健全具有持续性、稳定性与严肃性的法律法规，让房地产市场回归理性，将其发展纳入法制轨道显得尤为重要。

5.4.1 严格管理土地供应

经济新常态要求实现经济的可持续发展，就必须保护发展的潜力，不能只顾当前利益，竭泽而渔。对于房地产行业而言，获得土地是房地产开发的前提，因而保护房地产行业的发展潜力，首先就是要保护好土地的供应潜力。而土地资源的不可再生性，决定了土地的自然供给弹性为零，经济供给弹性也很小。因此包头市政府作为土地的供应者应当加强对一级土地市场土地供应管理，通过进一步严格土地供应程序，保证土地供应工作的法制化和透明化，保护土地开发供应的未来潜力。在制定土地供应计划时要综合考虑区域经济、社会、产业、人口的发展情况和对土地的实际需求。在土地出让后，及时跟进监督检查土地资源的利用情况，不能重审批而轻监管。在房地产市场中加强法制化建设，将包头市房地产市场发展纳入法制化的轨道，推动包头市房地产行业的可持续发展。

5.4.2 优化住房供应结构，加大保障性住房覆盖力度

针对包头市房屋供应结构不尽合理的问题，可以通过税收手段限制对大户型的商品房建设供应，通过给予税收减免等优惠政策鼓励小户型商品房的供给。坚持"九七"原则，使房型面积不高于90平方米户型占比不低于总体房屋供应的70%，让更多居民都可以买到房子，安居乐业。针对保障性住房覆盖率较低的问题，政府要增加对经济适用房和其他保障性工程的建设用地的供应，适当提高开发商在建设保障性住房时允许获得的利润上限，提升开发商的参与建设保障性住房工程的热情。同时，从中低收入群体实际需要出发，严格统一规定经济适用房的面积区间和装修标准，在保证房屋质量和基本生活配套设施覆盖的前提下加快经济适用房的开工进度和覆盖面，切实解决夹心层群体的住房问题。进一步弱化

房地产资本属性，坚定推动"房住不炒"理念的贯彻落实。

5.4.3　稳定房价，重点满足改善性需求

　　经济新常态下在供应结构调整优化的同时，抑制大幅波动，实现稳定增长则显得尤为重要。放眼全国，包头市目前的房价并不算高，监管调控工作的重点应放在抑制房价大幅波动，继续保持房价稳中有升的合理趋势，稳定购房者心理预期之上。2020 年，全国平均房价为 9860 元/平方米，房价收入比为 9.2。包头市新房成交均价为 7879 元/平方米，5 年上涨了 25.5%，房价收入比仅为 3.9，从全国来看属于低位。在社会主义市场经济条件下，市场的作用得以进一步发挥，但市场的自主调节存在被动、滞后和有限的弊端。鉴于此，包头市政府必须综合运用各种经济、法律、行政手段，积极、主动、及时调整房地产市场，规范市场行为。所以，当前政府对楼市的调控重点就是在尊重市场经济规律的前提下通过制定长期稳定的政策目标，保持对房地产供给与需求、价格趋势调控的力度不放松，从而稳定地价，稳定房价。同时，建立房地产市场信息共享平台，保证市场交易信息的公开性、透明性和实时性。努力消除房地产市场信息不对称问题。从而稳定购房者房价将保持小幅上涨的心理预期，避免包头市房地产市场的大幅度波动。从 2020 年包头市全区热盘成交数据来看，前三甲（楼盘名称：远洲大都汇、万科中央公园、昆区吾悦广场）主要集中在改善性楼盘，可见包头购房者中改善置业的需求比重还是比较大的。如图 5-3 所示，社区配套设施的优质与否成为吸引购房者购房的重要因素。对此包头市政府要因时而变，顺应包头市居民购房需求变化，引导开发商生产适销对路的住房，满足多层次的社会住房需求，实现商品房的供需平衡和有效供给，推动包头市房地产经济的均衡发展。

　　房价收入比 = 住房总价 ÷ 家庭可支配收入

　　　　　　 = 新建商品成交住宅均价 × 城镇居民人均住房建筑面积 ÷ 城镇居

　　　　民人均可支配收入　　　　　　　　　　　　　　　　 (5-3)

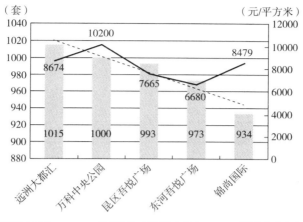

图 5 - 3 2020 年包头市各区热盘成交套数排行榜

5.4.4 提高包头市房地产企业的整体实力，促进良性竞争

从总体成交数据来看，2020 年包头市土地成交有所减少，且本地房企表现较差。拿地的房企主要为万科、恒大、碧桂园、中海等外来百强房企。包头市住房和城乡建设局公布数据显示：截至 2020 年 12 月 30 日，包头市五区楼盘预售证共计获得 99 张，累计套数为 29489 套，累计面积为 273.243 万平方米。较 2019 年预售证减少了 59 张，累计套数减少了 6015 套，累计面积减少了 117.536 万平方米，如图 5 - 4 所示。为了防止房地产开发企业因资金回笼困难、资金链断裂导致的包括金融行业和上下游产业连锁反应，维护金融安全和社会稳定。包头市政府要积极构建拓宽企业融投资渠道，缓解本地房企融资困难。除商品房、保障房之外，解除对其他建房类型的政策限制。相关研究表明，房价与企业数目呈负相关。所以出于稳定楼市价格的目的，助力包头楼市中的房企数量保持一定数量以及整体实力的均衡，避免房地产行业的寡头垄断是十分必要的。可以避免

几家独大，左右楼市定价权。推动打造包头市房地产市场良性竞争，健康发展的新局面。这是实现楼市价格稳定，推动包头市房地产行业的健康发展的重要途径之一。

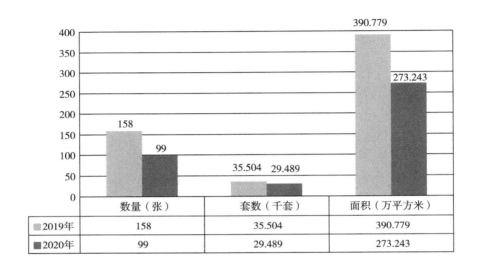

图 5 - 4　2019 年与 2020 年包头获预售证楼盘数量和套数面积对比

5.4.5　制订实施合理的城市规划和经济发展计划

规划的有关职能部门，要本着"预则立，不预则废"的态度，在顺应经济新常态的大背景下谋划包头市的未来城市规划和总体经济发展计划。原则上要以规划为纲，严格贯彻落实规划和发展计划。切实发挥规划和计划的规范与引导作用。同时树立前瞻意识和整体发展意识，通过对包头市的存量土地的开发整理、盘活城市存量土地、完善土地收购储备制度、加大对闲置土地处置力度，实现包头市土地资源的充分合理利用。做到统筹规划，协调发展。在规划和计划的过程中要立足实际情况，善于运用经济学中的协同理论，实现房地产业自身发展因素之间、各模块之间的高度内聚，使房地产行业这一子系统与包括本区域的人口、产业结构、资源禀赋在内的子系统之间和宏观经济总系统之间的高度耦合，推动包头市房地产经济与国民经济的协同发展。

5.4.6　完善立法和依法行政

在经济新常态背景下，要实现结构的持续优化和经济的稳定增长离不开相关领域法律体系的健全和完善。在实现包头市房地产业可持续均衡发展的过程中，政府法律法规规范与推动作用也是十分重要的。所以，房地产相关部门要结合本区域的实际发展情况，从房地产的拿地、开发、建设到交易多维度建立健全相关法律法规体系，并出台、完善与之配套的实施细则，在保证透明化、公开化的同时兼具可操作性。在土地出让后，及时跟进监督检查土地资源的利用情况，不能重审批而轻监管。为此，政府首先应遵循依法行政的原则，在尊重市场、尊重价值规律的前提下综合运用经济、法律、行政手段规范土地和楼盘的市场行为，维护房地产市场正常交易秩序。有序引导企业负债率、居民杠杆率逐步回到安全线以内，坚守不发生系统性金融风险的底线。同时，严把房地产开发项目审批关，不能为了追求财政创收、经济发展和政府业绩而滥批土地，粗暴干涉房地产土地和楼市价格。同时，应加大对腐败和权力寻租等违法行为的打击力度，提高违法违规成本。在房地产市场中加强法制化建设，建好制度的笼子，将包头市房地产市场发展纳入法制化的轨道。

5.5　结　论

房地产业的发展不仅在加快城市化和工业化进程中，对推动国民经济增长方面起到了非常重要的促进作用，作为城市经济建设的重要物质基础，在增加劳动就业、带动上下游相关产业发展、优化我国产业结构、协同金融业发展、提高居民生活质量方面也发挥了不可替代的作用。本章以包头市为例，从包头房地产的发展现状和特点、市场条件、影响因素以及存在的问题等方面分析了包头房地产市场的机遇与挑战。据此分析了影响包头房地产市场的主要因素，展望了包头房地产的市场未来发展前景和发展目标。进而提出促进包头市房地产业可持续发展的对策建议，并为其他中小城市房地产行业的发展提供参考。

6 呼和浩特市土地利用结构变化及可持续利用对策研究

6.1 引言

随着人地矛盾日趋尖锐、资源短缺等问题的突出，土地利用变化及其效应研究越来越受到人们的重视，土地利用变化引起的效应研究成为当前土地相关领域重要的研究内容。呼和浩特市作为内蒙古自治区的首府城市，也是呼包鄂榆沿黄河经济带的重要节点城市，目前正处于社会经济发展高速增长期，对各类用地的需求日益增大，城市化和工业化进程的加快带来了人口增长和经济发展对土地的需求日趋增加，人地关系的矛盾也逐渐凸显出来，应合理有效利用土地资源、加强土地资源管理。本书研究以呼和浩特市自然资源局 2001—2019 年土地利用总体规划数据、中国知网数据库和《呼和浩特统计年鉴》为依据，对呼和浩特市 2001～2019 年土地利用结构变化情况和影响因素以及土地可持续利用对策进行了分析研究。

6.1.1 国内外研究背景

能够查证到的国外最早研究土地利用的学者是杜能，早在 19 世纪初期，其在研究德国南部地区时讲述了土地利用模式。一开始是对土地功能的强调，向往理想化形态的规划思想，到欧美近代城市改建中提出的新古典主义。到了 20 世纪 40 年代，全球范围内开始大量兴起土地利用调查与探索，由此打开了土地利用研究的新路程。进入 70 年代后，基于遥感等技术手段在研究中的应用、资源调查的进一步扩张以及土地规划利用的发展趋势，研究开始倾向于土地清查与评价。进入 90 年代后，又赋予了土地利用研究新的意义，除了从利用数量、状态及方式上对土地利用进行研究以外，更是把土地利用划归到全球变化研究领域内。概括来看，该阶段土地利用研究的特点表现为对土地利用变化的重视。

20 世纪 90 年代，由于土地持续利用概念被提出，加之蓬勃发展的国际研究，我国学者也开始涉足研究土地持续利用。纵观我国现有的土地持续利用研究诸多学术成果，内容大多是土地持续利用理论、评价土地持续利用的机制方法与指标建设、农业土地持续利用、土地持续利用驱动力、城市及周边土地持续利用，以及从景观生态学出发对土地持续利用的探索与规划、土地持续利用中遥感和地理信息系统等的作用发挥等。综合对比分析国内外土地利用发展趋势与社会经济建设的既往研究，多是聚焦于土地利用变化中社会经济活动发挥的作用机制，却很少论述土地利用变化的作用机制在社会经济发展中的发挥。就时下的研究趋势而言，学者们更倾向于把土地系统与社会经济系统放在一起进行研究。

综合对比国内外的研究，显然土地利用研究已经开始了较长时间，最初因为信息技术的制约，多是从实地调查出发，对土地利用的变化特征和现状特点进行探究，借助定性分析工具研究和总结影响土地利用的因素。之后由于信息技术的进步以及遥感技术和地理信息系统在土地利用研究中的应用，出现了以数理模型为工具分析土地利用发生变化的驱动因素，并进一步对土地变化的趋势与规律进行预测，提高资源配置的科学性。现阶段，围绕土地利用的国内外研究呈现出多样性特点，不仅表现在内容上，而且也表现在研究方法上。总之，日益凸显的人口、环境、土地资源的矛盾，预示着土地利用研究必然会持续地向更深层推进。

6.1.2　研究意义

（1）通过以呼和浩特市为对象开展的土地利用变化研究，可以进一步明确土地利用现状，了解问题所在，从而提出有针对性的解决措施，有利于提高土地利用效率，优化土地利用结构，对保护资源和促进国民经济增长具有重要意义。

（2）有利于实现区域可持续发展目标。土地利用有着非常突出的政策指导性，也可以说是宏观调控的一种手段。准确地掌握社会经济发展与土地利用变化的关系，科学地规划各类用地分配，促进区域经济健康发展，践行可持续思想指导下的土地与经济发展。

（3）基于区域经济视角而言，作为呼包鄂城市群的核心，呼和浩特市的地理环境、自然条件以及经济状况与周边地区高度类似，以其为对象的土地利用研究成果对于周边地区设计土地利用政策和整体土地利用规划而言，具有较高的参考价值和指导意义。

6.1.3 研究内容

本章在梳理基于本学科出发的土地利用研究成果的同时，结合 2001～2019 年呼和浩特市土地利用中发生的结构与空间变化的归纳总结，并对其变化速度和原因做出了大致的分析，最后结合社会经济发展和可持续利用发展理论，对呼和浩特市土地利用提出了相应对策。研究着力于以下三部分内容：

（1）土地利用研究成果的梳理和分析，明晰研究方法与样本对象及数据等，介绍课题背景与意义，阐述目标对象的概况。

（2）目标对象 2001～2019 年发生的土地利用变化动态。分别从结构、数量、空间分异、变化速度等角度切入，分析和概括土地利用变化规律与成因。

（3）对照研究结论，为目标对象如何实现土地可持续利用与社会经济协调发展提出对策建议。

6.1.4 研究方法

（1）数据监测法，通过对《呼和浩特市土地利用总体规划（2006—2020）》、近些年的《呼和浩特统计年鉴》、呼和浩特市自然资源局网站和知网数据库等有关呼和浩特市土地利用的数据进行监测分析，从而系统地了解不同时期呼和浩特市土地利用变化情况，并在此基础上进行整理分析，为本书研究提供重要的数据基础。

（2）空间分析法，通过分析在土地利用方面各旗县区发生的类型转变与变化幅度以及在呼和浩特市整体土地利用中的权重，了解和明确 2001～2019 年呼和浩特市土地利用变化的空间分异表现。

（3）系统分析法，是把目标问题看成一个由多种要素构成的完整系统，分析其各构成要素，寻找解决路线与具体的处理办法。在本章中，土地利用变化与人类生存就被视为这样的一个系统，然后综合性地分析该系统，一步步地深入剖析二者的相关性。

6.1.5 技术路线

本章的技术路线如图 6-1 所示。

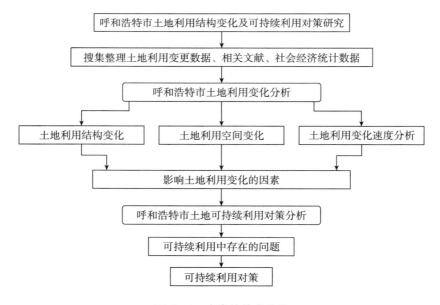

图 6-1 本章的技术路线

6.2 研究区概况

6.2.1 自然地理概况

从地理坐标来看，呼和浩特市位于东经 110°31′~112°20′，北纬 39°35′~41°25′。市辖 4 区、4 县、1 旗，土地总面积 1.72 万平方千米。位于内蒙古中部，温带大陆性季风气候，冬季漫长寒冷，夏季短暂炎热，具有降水量少而不均，寒暑变化剧烈的特点。

呼和浩特有着丰富的物产资源，多种贵重金属矿产与大量的非金属矿产，如泥炭、煤、石墨、珍珠岩、大理石、膨润土、沸石、白云岩、高岭土、石灰石、铁、金、铅、铜、锌等上百种。现已探明 170 多个矿产地、128 个矿点及矿化点。武川地区的黄金蕴藏量位于内蒙古前列，清水河地区的高岭土、煤等矿产资源极为丰富，特别是陶土的储量之大，品位之高属全国之冠。经济植物也相当丰富，辖内的平原与山区的天然种子植物与人工培育的植物超过 770 余种。大青山区以出产药材闻名，分布着大量丰富的药材资源。

6.2.2 社会经济概况

据统计，截至 2019 年，呼和浩特市常住人口为 313.68 万，2020 年，全市生产总值完成 2800.7 亿元，三次产业比例为 4.5∶29.1∶66.4。人均可支配收入为 38306 元，同比增长为 7.4%。全市经济保持总体平稳、稳中向好、稳中提质的发展状态。

6.2.3 土地利用概况

土地利用主要以农用地为主，占土地总面积的 92.86%，其中面积最大的是牧草地，达到 583521.07 公顷；第二是耕地，面积 561733.83 公顷；第三是林地，达到 390641.11 公顷；城乡建设用地为 94500.00 公顷；未利用地为 21024.7 公顷。2019 年呼和浩特市土地利用现状如图 6－2 所示。

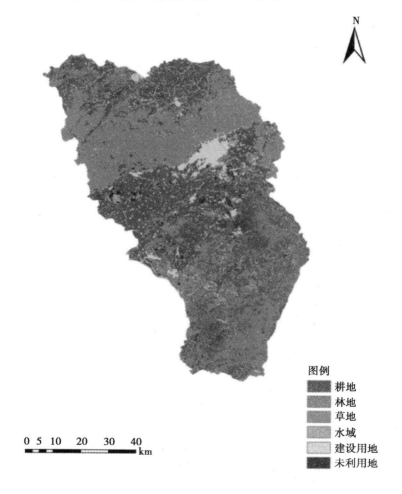

图例
耕地
林地
草地
水域
建设用地
未利用地

0 5 10   20   30   40
km

图 6－2 2019 年呼和浩特市土地利用现状

6.3　呼和浩特市土地利用变化分析

6.3.1　土地利用结构变化

2001～2019 年呼和浩特市土地利用变更数据显示，从呼和浩特市土地利用结构总体来看，园地与建设用地不断扩大，农用地锐减。其中增加的建设用地集中于城乡建设与交通用地。农用地减少幅度最大的是耕地与牧草地。详细来看，2001 年呼和浩特共有耕地 607550.48 公顷，2019 年只剩下 561733.83 公顷，被侵占和转化用途的数量达到 45816.65 公顷；2001 年的牧草地数量为 725150.44 公顷，2019 年只剩下 583521.07 公顷；2001 年城乡建设用地面积累计为 60888.00 公顷，2019 年扩张到 94500.00 公顷，新增规模达到 33612 公顷；2001 年交通用地为 5160.27 公顷，2019 年扩张到 13785.57 公顷；2001 年未利用地为 35503.04 公顷，2019 年只剩下 21024.78 公顷（见表 6－1）。

表 6－1　2001～2019 年呼和浩特市各土地利用类型面积变化　单位：公顷

年份 土地利用类型	2001	2005	2010	2015	2019
耕地	607550.48	568829.73	565736.00	562720.00	561733.83
园地	4800.00	4632.18	3784.00	4816.00	5700.00
林地	257182.39	312742.50	292908.34	369456.00	390641.00
牧草地	725150.44	672736.30	697300.81	594432.00	583521.07
城乡建设用地	60888.00	69488.00	85656.00	92192.00	94500.00
交通用地	5160.27	6800.63	8944.00	11868.00	13785.57
水利设施用地	3096.79	3268.00	3552.47	2752.34	3936.70
未利用地	35503.04	47472.00	24158.93	23572.30	21024.78

通过计算各种土地类型的面积占比，结合2001~2019年各种土地类型利用面积变化数据，可得知2001年耕地比重为34.31%，2019年下降至27.88%，下降幅度达到6.43%，2001年牧草地比重为40.75%，2019年下降至23.24%，而城乡建设用地从2001年的3.54%增加到2019年的5.49%，连同其他各种土地类型比重变化如图6-3所示。

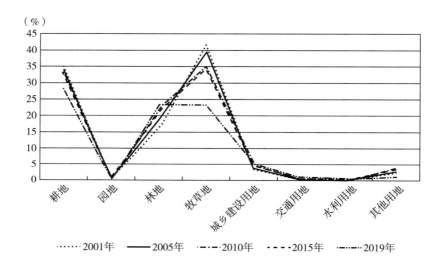

图6-3　2001~2019年呼和浩特市各土地利用类型比重变化情况折线图

6.3.2　土地利用空间变化

通过分析2001~2009年各旗县区土地利用类型的变化幅度在整个呼和浩特市的占比，了解和明确2001~2019年呼和浩特市土地利用具体的空间变化。研究使用的各旗县区土地利用的各年度数据中，由于呼和浩特市4区没有披露数据，故而空间分析时将这部分视为一个整体一并分析，如图6-4所示。

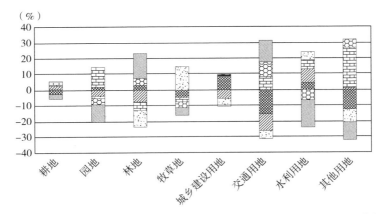

■市辖四区　▨土默特左旗　▥托克托县　▨武川县　▨和林格尔县　▨清水河县

图 6 - 4　2001 ~ 2019 年各旗县区土地利用类型占比变化柱形图

据统计数据，减少的耕地集中在清水河县与市辖四区，城乡建设增加的用地集中于市辖四区。托克托县与土默特左旗在研究期间耕地在增加，和林格尔县与武川县耕地没有太大变化。减少的牧草分散于各地（除武川外），减少幅度较小的为土默特左旗。研究区内左旗和武川县城乡建设用地减少，托克托县与清水河县城乡建设用地没有太大的变化。增加的交通用地集中在和林格尔县、清水河县、托克托县，而其他地区则在研究期内有所减少。

6.3.3　土地利用变化速度分析

土地利用变化速度可以通过土地利用动态度来反映，即某一期间内某区域某类用途土地数量变化速度表现。可通过以下公式求出：

$$K = \frac{Ub - Ua}{Ua} \times \frac{1}{T} \times 100\% \qquad (6 - 1)$$

其中，K 表示研究时段内某一土地利用类型单一动态度；Ua、Ub 分别表示研究期初及研究期末某类型土地利用数量；T 表示的是研究的时间跨度，当 T 的单位为年时，K 值对应的即为该区某种类型土地利用的年度变化率。

基于式（6-1），分别把 2001 年、2010 年、2015 年、2019 年看成研究期初及期末，求出不同时期呼和浩特市各类土地利用动态变化度。得出的结果提示，2001～2019 年，呼和浩特市各类土地利用中，年变化率最突出的是城乡建设用地与交通用地，且表现为显著增长，其中城乡建设用地的年增长速度为 3.45%，水利设施年增长率为 0.98%，林地年增长速度为 1.97%。土地利用比重降低的类型中，变化最明显的是牧草地，以每年 1.06% 的速度降低；其次是耕地，以每年 0.32% 的速度减少；未利用地以每年 0.27% 的速度减少，如表 6-2 所示。

表 6-2　2001～2019 年呼和浩特市各土地利用类型年变化率表　　单位：%

时间 ＼ 土地利用类型	耕地	园地	林地	牧草地	城乡建设用地	交通用地	水利设施用地	未利用地
2001～2010 年	-0.24	-0.04	0.7	-0.27	0.94	2.03	0.33	1.51
2010～2015 年	-0.04	-1.23	1.21	-0.77	1.56	2.09	-0.31	1.53
2015～2019 年	-0.05	1.79	-0.05	-0.05	0.52	2.13	0.1	-0.08
2001～2019 年	-0.32	0.2	1.97	-1.06	3.45	8.4	0.98	-0.27

6.3.4　影响土地利用结构变化的因素

结合呼和浩特市 2001～2019 年土地利用结构和空间变化情况与土地利用政策，分析和总结呼和浩特市土地利用变化的形成动因。

6.3.4.1　人口因素

人口变动和土地利用结构变化密不可分，人类是土地的开发利用者，但同时人类活动也影响着土地变化。从《呼和浩特市统计年鉴》来看，城市人口在 2001～2019 年持续增长，2001 年末共有 209.2 万人；2019 年，常住人口达 313.68 万，增加了 104.48 万人。与人口增加相对应的是住房、交通、商服等用地需求的同步扩大，从而导致一大批农用地变成了建设用地，由此来看，人口变化是导致土地利用结构变化的一大动因。

6.3.4.2 经济因素

经济水平的不断提高，对不同土地类型的需求也会发生改变。据统计，2001年呼和浩特市地区生产总值为199.9亿元，而2019年地区生产总值为2791.5亿元，大约是2001年的14倍，人民生活水平得到明显改善，消费水平和消费结构都在发生变化，社会固定资产投资如同经济发展水平一样稳步推进，2019年投入房地产开发的资金达到了175.2亿元，相较2018年实现了0.6%的增长。而售出商品房为326.0万平方米，创造了327.4亿元的销售额，相较2018年分别降低了17.9%、1.0%。投入于固定资产的资金扩大标志着工业企业规模扩张、交通用地、居民住宅用地、公共设施用地等的增加，如此一来必然会造成建设用地的总量扩大，与之对应的是农用地被侵占和改变用途。

6.3.4.3 政策因素

土地利用结构的形成取决于政治制度、经济环境、宏观政策等的综合作用，因此土地利用的变化较大程度地受宏观政策与经济体制的干扰和约束。2003年，"大学生志愿服务西部计划"开始实施，鼓励青年知识分子到实践中、到基层和艰苦地区去经受磨炼，促进西部贫困地区教育、卫生、农技、扶贫等社会事业的发展。该政策的实施，不仅促进了大学生就业，更是推动城市化进程、推动社会经济发展，从而影响土地利用结构变化的重大举措。

据了解，2000年内蒙古自治区率先开始尝试推行退耕还林工程，2002年全面推进，2015年启动新一轮退耕还林工程，2016～2020年呼和浩特市新一轮退耕还林项目共计退耕还林31.6万亩，退耕还草45.4万亩，该政策一方面促进了生态环境改善；另一方面创造了经济效益，促进了相关产业建设，反映了林地面积在推行该政策以来的动态变化以及对土地利用结构的影响。

6.4 呼和浩特市土地可持续利用对策分析

6.4.1 可持续利用中存在的问题

结合本章对土地利用变化的梳理及分析，归纳了呼和浩特市在可持续利用土地资源上的问题：

（1）耕地面积不断缩小。建设侵占与结构调整，导致耕地面积不断减少。2001～2019年耕地总面积减少了45816.65公顷，宜农后备土地资源缺口极大，人地矛盾不断凸显。

（2）土地利用规划缺乏科学性，滞后严重，政府调控和开发利用土地资源的能力不足，城郊区大量农用地趋于非农化，加剧了供需矛盾。

（3）土地利用粗放，布局松散，土地资源浪费较重。

（4）土地利用率高，但投入有限，建设水平低，集约化利用水平较低，土地的综合经济效益不高，潜力没有充分发挥。

（5）土地资源一直没有得到有效的保护与建设，存在大规模的土地退化，牧草地也在逐年减少，研究期间减少了141629.37公顷。近郊区普遍存在土地污染，个别区域更加突出，生态建设亟待深化推进。

（6）土地利用结构失衡、布局缺乏科学性，特别是林地面积严重不足，森林覆盖率低，难以发挥生态主体功能。园地面积更少，仅相当于农地面积的0.33%，无法体现出其对城市的作用。

6.4.2 呼和浩特市土地可持续利用对策

在"十四五"的大环境下"优化区域经济布局，促进区域协调发展"，"推动绿色发展，促进人与自然和谐共生"，以高质量发展为核心，统筹推进社会经济生态建设共同发展。因此，在可持续发展理念下，围绕呼和浩特市在土地利用中的问题发表以下应对观点：

（1）调整土地利用结构，提高土地综合生产力。应结合本区域自然资源组合特点，遵循因地制宜与有效利用优势土地资源的指导思想，把有限的土地资源优先分配给最迫切、最有价值的产业，力争实现最大的土地投入产出比。根据统计数据，呼和浩特市未利用地占比不大，2019年未利用地21024.78公顷，未利用地几乎都是无法利用或没有利用价值的土地，在土默特左旗地区集中分布着大量的盐碱地；呼和浩特市成功地改造了一片未利用地（荒草地、沙坑、鱼塘），在市政府的努力规划与改造下，如今那一片价值不高的闲置地变身为美丽的南湖湿地公园，成为市民度假、放松、娱乐、休闲的首选场所。基于空间层面来看，这些未利用地有一个共同特征，即几乎全部位于生态脆弱区域，因此这些未利用地没有太大的开发潜力。

（2）保护耕地资源，巩固农业基础地位。认真执行耕地保护的各项方针，把农业用地放在首位，尤其是耕地与菜地要优先安排；积极地从机制、法制、体制等维度出发，为农田、草牧场搭建完善的保护架构，提高保护力度，巩固以农业为代表的基础产业的健康、持续发展。强调保护与开发并重，开发与保护同步进行，把生态环境保护和改善当作首要目标和第一要务，协调地下资源与地面建设的和谐关系，预防地质风险，保护地质环境。

（3）积极开展土地整理，提高土地利用率。首先，针对农用地，确立专项整治方案，以此为指导综合整治耕地区域内的荒草地、道路田、坟地、沟坎等，扩大耕地实用面积，改善耕地质量，提高耕地利用的有效性与产出率。其次，有组织、有计划地改造农村居民点、迁村并点，缩减居民点占地，挖掘闲置土地，盘活存量资源，改善居住环境，改变当前粗放型的农村居民点用地，向集约型发展。

围绕城镇国有用地，基于整体的土地利用规划，遵循国家规划指标与用地标准，管控用地规模，避免土地浪费、盘活城镇土地存量，加快旧城改造，提高建筑密度，显化资产效益，加快建设市政道路与城镇基础设施，扩大绿地面积，美化生态与城镇环境。

（4）加强土地综合治理，减少土地污染。做好管理与监督工作，尤其是对土壤污染的治理与监督要进一步收紧政策力度，同时做好保护土地资源、减少土壤污染的宣传，深化公众环保意识与健康意识，驱动土壤环境保护的全面贯彻，设计并执行土壤污染预防、治理、监控的机制与政策指导。

（5）建立土地沙化监测、预警系统，以有效监测土地沙化状况。围绕土地沙化与沙尘暴研究和设计监测与预警机制，打造沙化土地监测县（市）级、省级、国家三级体系，搭建立体化监测网络，依托于3S技术跟踪监测防沙治沙工程，同时以动态监测与定期普查相结合，有效实施土地沙化管理，随时掌握土地沙化动向，准确预测土地沙化程度，科学评价土地沙化防治效果。

7 资源型城市土地利用时空演变及驱动机制分析

——以乌海市为例

7.1 引言

本章通过获取乌海市 2000 年、2010 年、2020 年的土地利用数据影像并使用 ArcGIS 等手段进行处理分析得到乌海市在这 20 年间土地利用的时空演变数据并对其进行对比分析，发现 20 年间乌海市的农用地的面积在逐年减少，建设用地的面积在 2010~2020 年有一个大幅度的增加；同时，水域的面积因为乌海湖的修建而有了提高，而未利用地的面积处于一个比较平稳的变化幅度。通过对各种土地利用类型的时空演变分析，发现乌海市作为一个资源型城市在进行产业转型与城市转型的过程中对土地利用存在的不足，并针对发现的问题提出一些建议。

资源型城市是以本地区所拥有的自然资源（如矿产等）为依托，对其进行开采利用，以其作为产业支柱，成为地区经济发展的重要来源的城市。当然，由于一些自然资源的不可再生性，持续地开采导致资源的枯竭而影响经济的发展，造成产业结构不平衡以及对环境造成破坏，从而影响居民的生活，进而形成恶性循环。因此，资源型城市必须进行转型。这种情况国外也早就存在，我国学者通过对德国鲁尔区的成功转型进行研究，寻求如何提高资源型城市转型质量，鲁尔作为以煤炭出名的工业区，在进行经济转型时通过对老工业基地进行升级改造，调整产业结构，扶持生物技术等新兴产业；日本九州是完全退出之前的产业，培育替代产业；法国洛林也经历了漫长的综合治理，一边关闭煤矿等严重污染生态环境的企业，一边扶持环保产业、信息等高新技术产业，最终转型成为一个绿色环保可持续的城市。① 这些为我国资源型城市进行经济转型提供了宝贵的经验。

乌海市是我国众多资源型城市之一，于 2011 年被确定为资源枯竭城市，作为一个因煤而生、因煤而兴的城市，面对即将消耗殆尽的资源与不断恶化的环境，为了实现可持续发展，进行转型刻不容缓。此前的学者进行的研究中都提出了乌海市要以产业转型与城市转型为发展方向，同时要加强生态环境保护。而进行转型与加强生态文明建设就不可避免地要与土地进行联系。因此，本章主要通过 ArcGIS 等手段，对乌海市 2000～2010 年、2010～2020 年的土地利用的时空演变情况进行分析，找出近 20 年来乌海市在进行产业转型与城市转型过程中土地利用方面出现的问题并对其进行具体的分析。

7.2　研究区域概况

7.2.1　自然地理背景

乌海市位于内蒙古自治区西南部，海勃湾区、海南区、乌达区是其所属辖

---

① 张月莲，王亚丽．资源型城市经济转型研究——以太原市为例［J］．山西财税，2020（1）：29－31．

区。地处大陆内部，属于典型的大陆性气候，冬季干燥少雪，春季少雨干旱，夏季炎热少雨，秋季风多干燥。昼夜温差较大，日间的光照时间长，因此可见光积累丰富。乌海市域内多山，山地丘陵约占乌海市土地总面积的 2/3；植被稀疏，土壤结构松散，易造成水土流失；乌海市的矿产资源集中分布在海南区、乌达区，不仅优质且种类多。

7.2.2　社会经济概况

截至 2020 年，乌海市地区生产总值达到了 563.14 亿元，三次产业结构为 1.1∶64.5∶34.4。截至 2019 年末全市常住总人口 56.61 万人。2020 年，全市居民人均可支配收入达到了 45133 元。全市经济秉持稳中求进的方针政策，持续推动经济结构调整、积极促进发展动能转换、使质量效益提升，加快构建现代化产业体系。

7.2.3　数据来源与研究方法

本章采用的数据来自 GlobeLand30（http：//www.globallandcover.com），使用了 2000 年、2010 年以及 2020 年乌海市的数据，GlobeLand30 是中国研制的 30 米空间分辨率全球地表覆盖数据，WGS－84 坐标系是 GlobeLand30 采用的数据，30 米多光谱影像是 GlobeLand30 数据使用的分类影像，2010 年数据精度为 83.50%，2020 年数据精度为 85.72%。

为了更好地研究区域内土地利用时空演变，本章涉及的土地利用类型是结合近年来乌海市土地利用的实际情况，通过参考 GlobeLand30 数据使用的土地利用类型①、按照土地主要用途划分的《土地利用现状分类》（GB/T 21010—2017）以及《土地管理法》对土地划分的"三大类"，对其进行整合，得到表 7-1 所

---

① 陈军，廖安平，陈晋，等. 全球 30m 地表覆盖遥感数据产品——Globe Land30［J］. 地理信息世界，2017（1）：1-5.

示的整合后的土地利用类型。

本书在下载 2000 年、2010 年、2020 年的影像数据后运用 ArcGIS 进行影像裁剪、修饰，并对各土地利用类型的面积进行计算统计后，根据所得到的数据进行对比并做出具体的分析，最后得出结论。

表 7-1　土地利用类型

GlobeLand30 数据土地利用类型	整合后土地利用类型
耕地	农用地
草地	
湿地	
林地	
灌木地	
水体	水域
人造地表	建设用地
裸地	未利用地
苔原	
冰川和永久积雪	

7.3　土地利用时空演变分析

通过对乌海市 2000 年、2010 年、2020 年的土地利用影像进行处理后，得到如图 7-1、图 7-2、图 7-3 所示的土地利用现状图以及表 7-2 的乌海市 3 年的土地利用面积，由这三张图之间的对比可以简单地看出 2000~2020 年乌海市土地利用的动态变化。

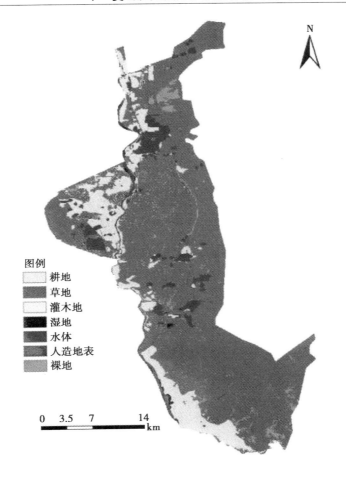

图7-1 2000年乌海市土地利用现状

由图7-1、图7-2、图7-3以及表7-1、表7-2可以看出，2000~2020年乌海市的土地利用类型主要为大面积的、连片的、集中分布的耕地、草地以及人造地表即建设用地组成，这三种土地类型是土地总面积的主要组成部分。此外还包括少量的灌木地、湿地以及水体还有裸地，这些土地利用类型以较小的面积比较分散的处于乌海市的各个位置。耕地主要分布在乌海市西部边缘的位置，与黄河毗邻，平均地集中分布在乌海市所辖的三个区内。人造地表即建设用地位于地势平坦的区域且位置在乌海市的中心呈圈状分布。

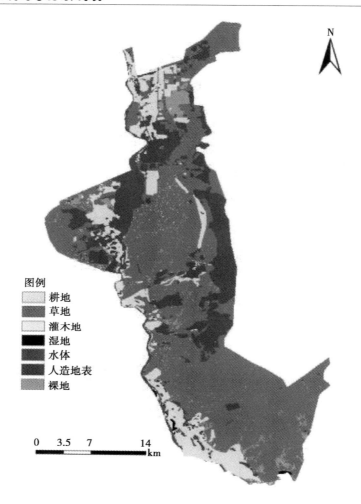

图 7 - 2　2010 年乌海市土地利用现状

7.3.1　农用地时空演变分析

根据图 7 - 4 以及表 7 - 2 的数据显示，2000 年乌海市区域内农用地的面积为 150085.62 公顷，其中耕地的面积为 24503.31 公顷，草地的面积为 124234.83 公顷，灌木地的面积为 1338.39 公顷，湿地的面积为 9.09 公顷；2010 年，农用地

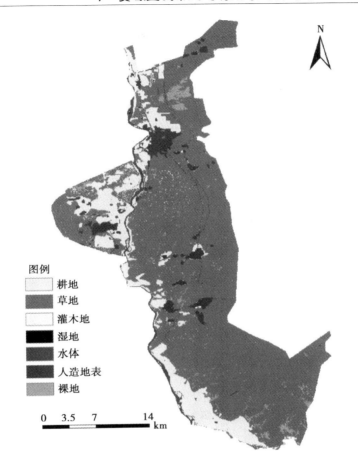

图 7 - 3　2020 年乌海市土地利用现状

的面积为 149047. 83 公顷，耕地的面积数量为 23619. 51 公顷，草地的面积为
123528. 42 公顷，灌木地的面积为 1381. 23 公顷，湿地的面积为 518. 67 公顷；
2020 年，农用地的面积为 124212. 96 公顷，耕地的面积为 21919. 41 公顷，草地
的面积为 101088. 72 公顷，灌木地的面积为 894. 78 公顷，湿地的面积为 310. 05
公顷。由图 7 -4 及表 7 -2 可以看出，2000 ~2010 年，乌海市的农用地总面积呈
下降的趋势，耕地、草地的面积都在减少，仅湿地的面积有显著的增长，灌木地
的面积有小幅度的增长，其中耕地的面积减少了 883. 8 公顷，草地的面积减少了

706.41公顷，而湿地的面积增长了509.58公顷。2010～2020年，农用地总面积仍在持续下降，耕地、草地、灌木地、湿地的面积都出现了不同程度的减少，其中耕地与草地的面积经历了大幅度的下降，耕地面积减少了1700.1公顷，草地的面积锐减了22439.7公顷，灌木地面积减少了486.45公顷，湿地面积减少了208.62公顷。耕地的面积虽然在减少，但耕地占比是增加的，这是因为其他类型的农用地数量在持续减少。

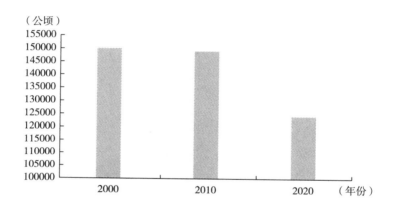

图7-4 农用地面积动态变化

表7-2 2000～2020年乌海市土地利用面积统计　　　单位：公顷

地类 \ 年份		2000	2010	2020
农用地	小计	150085.62	149047.83	124212.96
	耕地	24503.31	23619.51	21919.41
	草地	124234.83	123528.42	101088.72
	灌木地	1338.39	1381.23	894.78
	湿地	9.09	518.67	310.05
建设用地		8457.39	9838.35	29134.71
水域		2884.68	2543.22	7903.44
未利用地		4154.49	4152.78	4331.07

7.3.2　建设用地时空演变分析

2000～2020 年，乌海市正处于经济发展的关键时期，不断增加的人口、各式各样产业的兴起，对建设用地的需求不断地增加。根据表 7 - 2 可知，2000 年乌海市域内建设用地的面积为 8457.39 公顷，2010 年建设用地的面积为 9838.35 公顷，共增加了 1380.96 公顷。2020 年，乌海市域内建设用地面积有了量的飞跃，达到了 29134.71 公顷，与 2010 年相比共增加了 19296.36 公顷，使建设用地占乌海市域内土地总面积由 2000 年的 5.1% 猛增为 2020 年的 17.6%。2010～2020 年，由于部分居民居住于煤矿周边，持续开采导致地下空置形成了采空区，影响了居民的生活，还有部分居民因为城镇建设需要搬迁。此外，由图 7 - 3 可以看出，乌海市东部有大量的工矿用地被开采，因此会有较为集中、大幅度的建设用地面积的增加。乌海市建设用地面积动态变化趋势如图 7 - 5 所示。

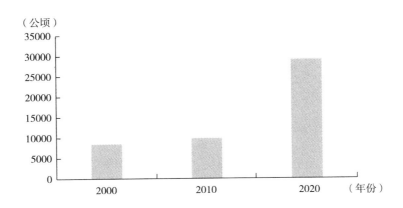

图 7 - 5　建设用地面积动态变化

7.3.3　水域时空演变分析

由表 7 - 2 可知，2000～2020 年，乌海市域内的水域面积总体上大幅度的增

加。2000 年，乌海市的水域面积为 2884.68 公顷。2010 年，乌海市的水域面积
略有缩减，由 2000 年的 2884.68 公顷减少为 2543.22 公顷，减少了 341.46 公顷。
而 2010 ~ 2020 年，乌海市的水域面积有了相当程度的提高，其间共增加了
5360.22 公顷。截至 2020 年，乌海市的水域面积达到了 7903.44 公顷，占乌海
市域内土地总面积的 4.77%。而造成水域面积大量增加与乌海市政府修建大型
黄河水利枢纽——乌海湖有很大关系。乌海市域内水域面积动态变化如图 7 - 6
所示。

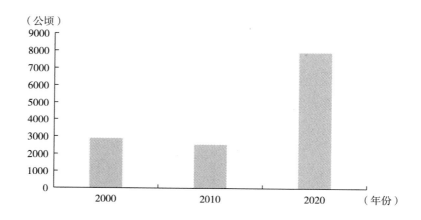

图 7 - 6　水域面积动态变化

7.3.4　未利用地时空演变分析

根据表 7 - 2 和图 7 - 7 可知，乌海市未利用地的面积基本维持在一个较为稳
定的范围内，2000 ~ 2020 年仅有细微的上下波动。2000 年，乌海市未利用地面
积为 4154.49 公顷；2010 年，乌海市未利用地面积为 4152.78 公顷，在这 10 年
间未利用地面积只减少了 1.71 公顷；2020 年，乌海市域内未利用地面积为
4331.07 公顷，较 2010 年增加了 178.29 公顷。

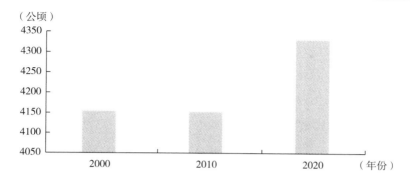

图 7 - 7 未利用地面积动态变化

7.4 土地利用时空演变驱动机制分析

7.4.1 自然因素

乌海地势属于东西两侧比中间高。乌海属于狭长形且域内多山，大量的未利用地不能很好地开发利用，因此可利用的土地面积较小。同时，乌海市植被稀疏，土壤结构松散，易造成水土流失。矿产资源尤其丰富，导致对农用地的利用不是十分重视，且注重发展工业，特别是以煤炭产业为重心，农用地面积不断减少，建设用地面积不断增加。2011 年乌海市被国家确定为资源枯竭城市之一，作为因资源而兴的城市，煤炭等资源供给的缩减，城市经济发展会受到严重影响甚至停滞，因此必须重视并持续推进乌海市的土地利用结构调整。

7.4.2 政策经济因素

除了自然因素对乌海市土地利用面积的影响，政策因素也同样影响土地利用面积。2011 年乌海市被评为资源枯竭城市之前，乌海市的发展一直依赖于数量庞大、质量优秀的矿产资源，其中尤以煤炭资源为特色，以大力发展煤炭产业为经济主要发展方向。因此，2000～2010 年，对建设用地的需求量猛增，同时，在经济发展迫切需要建设用地时，就出现了占用农用地而使农用地数量不断减少的现象。2011 年乌海市被确定为"资源枯竭城市"后，乌海市政府转变了发展思路，面对即将消耗殆尽的不可再生的矿产资源，寻求经济转型迫在眉睫，以及对被大量开采后受到破坏的生态环境，也要采取一系列方针政策来保护修复。因此，可以看到，2010～2020 年，乌海市的水域面积有一个数量上的飞跃，这正是因为乌海市政府组织修建了乌海湖，乌海湖是把黄河水截留而形成的湖面，属于在黄河中建立水利枢纽。这一政策使乌海市的生态环境在得到改善的同时也改变了土地利用结构。除此之外，在产业转型过程中，尽管要控制第二产业的数量，但同时也要推动第三产业的发展，因此对建设用地的需求也在不断增加。

7.4.3　社会因素

乌海市作为一座以煤炭资源为主要发展方向的资源型城市，在由煤炭资源而取得的巨大经济优势下，因资源枯竭而要进行产业转型和城市转型的时候，其中，最重要的就是要修复之前因追求发展速度而被破坏的生态环境，并努力创建更舒适美好的生态环境以供乌海市人民生产生活。同时，在满足基本的生活空间的质量保证后，应该更进一步地实现乌海市人民更高层次的生活追求。对城市功能分区进行优化，使城市的载体功能日益完善。结合特色资源，使城市的品质不断提升，同时全力推进乌海市由工业城市向文化旅游城市转型，由环境脆弱城市向生态园林城市转型，这就使对建设用地的需求进一步提高，进而影响着土地的利用。

7.5 土地利用中存在的问题

7.5.1 存在于耕地与建设用地之间的矛盾仍突出

保护耕地与保障建设用地之间日益凸显的矛盾存在于乌海市快速发展的经济、进展迅速的城乡一体化以及在转型过程中进行的产业结构调整中。乌海市作为一个以资源为主要发展方向的资源型城市，在被确定为资源型城市之前以大量地开采矿产资源为主，使建设用地的需求量不断增加，而耕地就不可避免地被占用，因此耕地的数量不断减少。在被确定为资源枯竭城市之后，乌海市要进行产业转型和城市转型，尽管控制了对矿产资源的开发利用数量，但在城市转型的过程中政府所提出的文化旅游城市、生态园林城市等要求都对建设用地有不小的需求，而同时要发展葡萄、蔬菜种植等现代农业更需要一定数量的耕地。

7.5.2 生态环境保护制度还不够完善

乌海市作为内蒙古生态脆弱区中的城市，加之又是资源型城市，在开发利用自然资源的同时，对城市的生态环境造成一定的破坏，以煤炭而兴的城市，一定会对这座城市的生态环境产生影响，根据乌海市生态环境局 2015～2019 年的环境质量状况公报所显示数据可知，近年来，乌海市生态环境质量状况指数都不是很高，评价等级为较差。表明生态环境一旦遭到破坏是很难修复的。同时，在实地考察中发现，城市居民在日常生活中经常会闻到一股刺鼻的味道，这与工业生产中排放的有害气体有关系。如何在保护修复生态环境的同时保证经济的稳定发展，如何在这两者间寻求一个平衡点成为急需解决的问题。

7.5.3　未利用地得不到更有效的利用

乌海市的整体面积在内蒙古自治区 9 个地级市、3 个盟中属于最小的一个。在有限的土地面积中，乌海市 2000～2020 年的未利用地始终处于比较稳定的范围，没有大幅度地增加或减少，说明这些土地并没有得到合理的开发利用，而农用地的减少与建设用地的增加也从侧面印证了这一点。除此之外，乌海市作为资源型城市，前几年通过对煤炭资源进行的大量开采，对土地造成了巨大的破坏，处于煤矿附近的居民生活区地下已经被采空，进而威胁到了城市居民的生活，不得已进行采煤沉陷区居民的搬迁，而搬迁过后的土地，截至 2021 年，在实地的观察中还没有得到重新利用，成为了闲置土地。还有，随着城镇化的进一步发展，很多在农村耕作的青壮年都选择到城市工作，导致农村的劳动力大量减少，留下的老弱幼群体，不能承担起繁重的农活，进而出现大量的耕地被撂荒，以及农村的宅基地被闲置，久而久之，宅基地被荒废。地质条件复杂的土地难以开发利用而可利用的土地被浪费、闲置也得不到更有效的利用。

7.6　有效利用土地的建议

7.6.1　合理制定土地利用规划，加强土地利用动态监测

土地利用规划是结合区域发展的需求以及自然资源的状况所做出的有关土地资源在国民经济各部门的组织分配利用的一种措施。土地利用规划就像是一个边界，正是有了土地利用规划，才能给予土地利用指导和控制，不会使土地利用出现混乱，它是进行土地利用的大方向。因此，一个合理的土地利用规划是十分重

要的，尤其是乌海市作为资源型城市在进行城市转型的过程中，更需要谨慎对待每一寸土地的规划与利用。此外，在制定土地利用规划时，一定要做好前期的调查工作，以及在实施土地利用规划进行城市建设时，要加强土地利用的动态监测，同时，需要加强动态监测频率，这样可避免土地出现闲置荒废，长时间不能得到有效利用的情况。此外，提高土地利用技术手段也是必要的。对大量的未利用地不能置之不理，在有限的土地面积下，可以对未利用地进行实地考察，对未利用土地的区位、特点、性质进行准确的把握并进行登记造册，之后对未利用地进行专门的规划，寻找到适合未利用地的开发技术方法和手段，使土地利用的效率大大提高。

7.6.2 加强生态环境建设

乌海市作为一个生态环境不是十分优秀的资源型城市，在长期的资源开发利用下对环境造成了严重的破坏，尽管最近几年在国家生态优先、绿色发展的导向下，乌海市进行了一系列生态环境保护修复的措施，但由于乌海市在经济转型的过程中还要保障国家能源安全，以及作为一个工业城市，其他工业产业在生产中对于生态环境也会产生负担。其中尤以大气环境影响最为严重，这也是习近平总书记在参加内蒙古人大会议时提出的要加强乌海市以及周边地区的区域生态环境综合治理，也是乌海市在"十四五"规划中提出的要加强乌海及周边地区的大气的污染防控防治。因此，必须要加强对生态环境的保护力度及生态环境建设。首先，可以引进节能环保的产业，根据节能减排降耗以及大气治理等的需求，研发推广应用节能环保的产品、工艺，如在排放时进行预处理，解决一部分会对环境造成污染的物质，同时控制排放的时间、数量。其次，乌海市政府应进一步加强对生态环境的质量监测，对监测的范围、时间、频率都应提高。同时加强对各个企业的监管，制定更细致、严格的法规，加大处罚力度，对环境造成破坏的企业要承担起修复环境的责任。最后，生态环境的好坏关系到乌海市的每一个人，因此，乌海市政府可以加大宣传力度，让广大民众意识到必须参与到保护生态环境行动中，这样可以利用群众的力量，拥有更多的监管视野，还可以建立举报奖励机制，鼓励群众积极参与到监督保护生态环境上来。

7.7　结　论

通过对乌海市 2000 年、2010 年、2020 年这 3 个时间点的土地利用现状进行对比分析发现，2000～2020 年乌海市农用地的面积在逐年减少，建设用地面积有一个大幅度的增加；同时，水域面积因为乌海湖的修建而有了提高，而未利用地的面积处于一个比较平稳的变化范围。表明乌海市作为一个资源型城市在前期刚开始进行产业转型和城市转型的过程中，还没有充分的经验，因此在进行土地的规划方面存在一些偏差，对三个产业之间的平衡点的把握也有稍许的不足，以及在有限的土地面积中，没有把握好未利用地的开发利用。因此，乌海市政府应该在后期要总结前期转型过程中的经验教训，加强对土地利用规划的制定，以及对土地利用的动态监测，更重要的是要加强生态环境保护建设，在发展经济的同时要把保护生态环境放在首位。

8　内蒙古地区土地资源可持续利用对策研究

——以鄂尔多斯市为例

8.1　引言

土地资源的可持续利用是区域发展的立足之本，是可持续发展战略的核心内容之一。土地资源既要满足当代人的需要，又不影响后代人的发展条件，保证有限的土地供给能满足社会经济持续发展的土地需求，要让土地资源配置在数量上具有均衡性，在质量上具有级差性，在时间上具有长期性，在空间上具有全局性，从而实现自然协调性、经济连续性和社会持续性的统一。

在构建社会主义和谐社会的时代背景下，面对鄂尔多斯土地资源的现状，找到一条切实适合鄂尔多斯市土地资源可持续开发利用的新道路，既可有效保护鄂尔多斯土地资源，又对促进区域经济社会持续、快速、稳定发展，继而对构建和谐社会具有重大的历史和现实意义。本章采用极差标准化法，专家打分法，综合效益指数模型等方法对鄂尔多斯市土地进行可持续利用综合评价。

资源持续利用的理念提出于 20 世纪 70 年代，人们已经注意到人类在对土地资源的开发利用的同时也逐渐受到土地资源的限制，但是由于当时的理论一直不成熟。直到联合国正式通过旨在指导 2015~2030 年全球发展工作的 17 个可持续发展目标，即《2030 联合国可持续发展目标》（SDGs），在联合国相关部门已经明确要合理地利用和保护土地资源，世界各国才开始全面实施可持续发展的战略。在中国共产党第十八次全国代表大会中提出了"美丽中国"① 的概念，会议强调把生态文明建设放在首位，并把政治、经济、文化建设和社会发展全面联系起来。本书通过收集评价指标数据，构建评价指标体系，将数据标准化并赋予权重后，对鄂尔多斯土地资源可持续利用进行综合评价，根据评价结果给出结论和对策。

8.2 鄂尔多斯市概况

8.2.1 地理位置

鄂尔多斯市位于内蒙古自治区西南部，地处东经 106°42′~111°27′，北纬 37°35′~40°51′。西与宁夏回族自治区平罗、盐池等县和银川市与石嘴山市，以及内蒙古乌海市、阿左旗和巴彦淖尔市磴口县接壤；北与巴彦淖尔市五原县临河区、杭锦后旗、临河区等市区隔河相望；东与山西省偏关县、河曲县及内蒙古呼和浩特市清水河县、托克托县为邻；南接陕西省横山、靖边和定边等市县。

8.2.2 自然条件

鄂尔多斯市自然地理特征是西北高，东南低，地形复杂。东、北和西部三面

---

① 陈敏. 新时代中国生态文明制度建设研究［D］. 山东大学硕士学位论文，2020.

被黄河环绕，南部与黄土高原相连。有多种类型的地貌，包括草地和开阔的波状高原。鄂尔多斯市有五种主要的地貌类型。平原约占总面积的 4.33%，丘陵和山区占总面积的 18.91%，高原占总面积的 18.91%，库布齐沙漠约占总面积的 19.17%。

鄂尔多斯属北温带半干旱大陆性气候区，四季气温变化较大。

8.2.3 社会经济条件

2019 年末，鄂尔多斯市总人口 208.76 万，人口出生率为 12.06%，人口死亡率为 5.21%，人口机械增长率为 1.53%，人口密度为 24.03 人/平方千米；地区国内生产总值为 3605.03 亿元，人均国内生产总值为 22.05 万元，全社会固定资产投资为 3065.74 万元，城镇居民人均可支配收入 4.9768 万元，农村居民人均可支配收入为 2.0075 万元，城乡居民的收入差距呈缩小的趋势。

8.3 鄂尔多斯市土地利用现状分析

据鄂尔多斯市全国第二次土地利用变更调查数据显示，全市的土地总面积为 8688160.57 公顷。其中耕地为 412322.34 公顷，占土地总面积的 4.75%；园地 2355.09 公顷，占土地总面积的 0.03%；林地面积为 1301112.13 公顷，占土地总面积的 14.98%；草地面积为 5359944.47 公顷，占土地总面积的 61.69%；工矿及仓储用地 128758.56 公顷，占土地总面积的 1.48%；交通运输用地 64989.50 公顷，占土地总面积的 0.75%；水域及水利设施用地 167149.19 公顷，占土地总面积的 1.92%；其他土地面积为 1251529.29 公顷，占土地总面积的 14.40%，如表 8-1 所示。

表 8 - 1   2019 年鄂尔多斯市土地利用结构

地类	面积（公顷）	比重（%）
耕地	412322.34	4.75
园地	2355.09	0.03
林地	1301112.13	14.98
草地	5359944.47	61.69
工矿及仓储用地	128758.56	1.48
交通运输用地	64989.50	0.75
水域及水利设施用地	167149.19	1.92
其他	1251529.29	14.40
总计	8688160.57	100

8.4   鄂尔多斯市土地资源可持续利用综合评价

8.4.1   评价指标体系的建立

土地资源可持续利用标准是指在对环境和土地资源进行全面系统的判断基础上，一步一步提高土地的承载力和生产力。通过使用科学的方法，实现对土地资源的保护和利用，同时提高经济发展水平，促进社会和环境的协调发展。可持续发展就是既要满足当代人民的利益还要促进可预见的未来的人的发展，建立最好的经济、生态和社会效益[①]。

土地资源可持续发展利用评价指标体系，是对基本数据的综合或集成。实现高效生产，确保高度有序，保持稳定的生态平衡，确保土地资源利用系统的功能

---

① 胡志娟．河北省土地资源可持续利用综合评价研究［D］．石家庄经济学院硕士学位论文，2014.

显著稳定，实现合理分配和开发土地资源，满足经济发展，消除减少资源浪费，进一步完成土地资源质量提高和结构整合，是建设土地资源可持续利用评价体系的主要意义。

8.4.2 指标体系构建的原则

（1）科学性原则。指标的选取依据科学的方法，根据客观实际，数据来源可靠准确。

（2）系统性原则。指标体系的选择要全面具体，涵盖人口、资源、环境、经济、社会、文化各个方面，同时要具有体现全国都适用的指标和具体区域特色的指标。

（3）预见性原则。土地资源可持续利用的指标要能体现该区域土地利用类型变化的趋势，方便人们在看到该指标的变化起到警醒和提示的作用，能够更好地反映土地利用的长期变化趋势，方便日后更好地利用土地。

（4）动态性原则。可持续是一个很长的时间段，所以选取的指标应该具有时间变化的动态趋势，不应该只用静态指标。

（5）可操作性。指标的选取应该容易获取，方便计算。

8.4.3 评价指标的建立和选择

本书在土地资源可持续利用的概念和指标体系构建原则上，在参考借鉴其他学者研究成果，从资源、环境、经济和社会四个方面构建了鄂尔多斯市的土地资源的 20 个指标。

目标层就是指土地资源可持续利用的总体目标，包括准则层和具体指标。准则层反映了目标层，准则层由反映目标层的各指标构成。在通过阅读年鉴、搜集大量的相关指标数据和查阅相关地区的政府网站获取数据后，针对鄂尔多斯市土地利用现状，构建了鄂尔多斯市土地资源可持续利用综合评价体系，如表 8-2 所示。

表 8 – 2　土地资源可持续利用评价指标目标值表①

总目标 A	准则层（Bi）	指标层（Xi）
土地资源可持续利用综合评价	资源稳定性（B1）	X1：人均土地面积
		X2：人均耕地面积
		X3：建设用地面积
		X4：草原可利用率
		X5：有效灌溉面积利用率
	环境保护性（B2）	X6：森林覆盖率
		X7：造林面积比例
		X8：单位面积工业固体废弃物排放量
		X9：单位面积工业废水排放量
		X10：单位面积化肥施用量
	经济可行性（B3）	X11：GDP 增长率
		X12：人均 GDP
		X13：第一产业产值占生产总值比重
		X14：第二产业产值占生产总值比重
		X15：地均固定资产投资密度
	社会支撑性（B4）	X16：人口自然增长率
		X17：农业劳动力比重
		X18：城乡居民收入比率
		X19：城镇人均住房面积
		X20：人口密度

8.5　主要评价指标的基本含义及其计算方法

8.5.1　资源稳定性指标

衡量农业生产条件的重要指标之一就是耕地资源的好坏，因此，本书将人均

---

① 胡志娟. 河北省土地资源可持续利用综合评价研究［D］. 石家庄经济学院硕士学位论文，2014.

土地面积、人均耕地面积、建设用地面积、草原可利用率和有效灌溉面积利用率作为评价指标。以上指标都属于正向指标，所占的比例越大，资源的稳定性越强。

8.5.2　环境保护性指标

环境保护性反映了环境确保土壤资源可持续利用的能力。森林覆盖率反映了该区域森林资源环境的状况；造林面积比例反映了在某阶段时，人们对环境的保护程度；工业废水和固体废弃物的排放反映了此项指标对环境的污染程度最终导致土壤肥力下降。

8.5.3　经济可行性指标

通过经济水平和社会投资等指标反映了土地资源经济水平的可持续能力。GDP 增长率及人均 GDP 均反映了此地区的经济发展水平；用第一产业和第二产业在国内生产总值中所占比重来反映了经济结构水平；投资的强度用地均固定资产投资密度来反映。

8.5.4　社会支撑性指标

随着人口的增加，土地需求就会急剧增长，这将不利于土地资源的可持续。本书用社会支撑性指标来代表人口压力，这些指标分别是人口密度和人口自然增长率。用城市人均居住空间反映人们的生活质量。用城乡居民收入比率的大小来反映城乡收入的差距。城乡分配差距过大，必然导致城乡居民矛盾增加。

各指标的计算公式如表 8 - 3 所示。

表 8-3　各指标计算公式

评价指标	公式
资源稳定性	人均土地面积＝土地总面积÷年末常住人口×100%
	人均耕地面积＝耕地总面积÷年末常住人口×100%
	有效灌溉面积利用率＝耕地有效灌溉面积÷耕地总面积×100%
	土地利用率＝已利用土地面积÷土地总面积×100%
	草原可利用率＝可利用的草原面积÷土地总面积×100%
环境保护性	森林覆盖率＝森林面积÷土地总面积×100%
	造林面积比例＝全年造林面积÷土地总面积×100%
	单位面积工业废水排放量＝工业废水排放总量÷土地总面积×100%
	单位面积固体废弃物排放量＝固体废弃物产生总量÷土地总面积×100%
	单位面积化肥施用量＝化肥施用量÷耕地总面积×100%
经济可行性	人均 GDP＝GDP÷总人口×100%
	第一产业产值占生产总值比重＝第一产业产值÷GDP×100%
	第二产业产值占生产总值比重＝第二产业产值÷GDP×100%
	地均固定资产投资密度＝社会固定资产投资额÷土地总面积×100%
	GDP 增长率＝（本年度 GDP 值－上年度 GDP 值）÷本年度 GDP
社会支撑性	人口密度＝人口总数÷土地总面积×100%
	人口自然增长率＝（本年出生人数－本年死亡人数）÷年平均人口数×1000‰
	农业劳动力比重＝从事农业劳动的人数÷总人口×100%
	城乡居民收入比率＝城镇居民人均可支配收入÷农民人均纯收入×100%
	城镇人均住房面积＝城镇总人口÷住宅总面积×100%

　　资料来源：胡志娟. 河北省土地资源可持续利用综合评价研究［D］. 石家庄经济学院硕士学位论文，2014.

8.6　鄂尔多斯市土地可持续利用水平评价与结果分析

8.6.1　鄂尔多斯市土地资源可持续利用水平评价方法

　　本书的数据均来源于 2013～2020 年《鄂尔多斯统计年鉴》，根据年鉴中的数据找出土地总面积、GDP、耕地总面积、总人口数等数据，利用上述公式算出各项指标的原始值。由于各项指标具有不可比性，所以本书采用极差标准化法对指标的原始值进行标准化处理。通过使用极值化法对变量数据无量纲化是通过变量取值的最大值和最小值将原始数据转换为一定范围的数据，从而消除量纲和数量级的影响。具体公式如下：

$$yi = \frac{Xi - min}{max - min}(Xi \text{ 为正向指标}) \tag{8-1}$$

$$yi = \frac{max - Xi}{max - min}(Xi \text{ 为负向指标}) \tag{8-2}$$

其中，yi 为各项指标无量纲化后的标准值，Xi 为各项指标的原始值，min、max 分别为该项指标中的最小值和最大值。

2012～2019 年鄂尔多斯土地可持续利用评价指标标准化值如表 8-4 所示。

表 8-4　2012～2019 年鄂尔多斯市土地可持续利用评价指标标准化值

	2012 年	2013 年	2014 年	2015 年	2016 年	2017 年	2018 年	2019 年	指标性质
X1	0.9557	1.0000	0.7490	0.5982	0.4523	0.2628	0.1272	0.0000	正向指标
X2	1.0000	0.9167	0.2500	0.1667	0.1667	0.0833	0.0000	0.0000	正向指标
X3	0.0000	0.9847	0.9847	0.0142	1.0000	0.7582	0.2244	0.1285	正向指标
X4	1.0000	0.7786	0.7786	0.1459	0.0044	0.0000	0.0037	0.0037	正向指标
X5	0.0012	0.0012	1.0000	0.0000	0.0171	0.0154	0.0137	0.0137	正向指标
X6	0.0000	0.1811	0.1811	0.7341	0.9153	0.9464	1.0000	1.0000	正向指标
X7	0.0000	1.0000	0.5379	0.7134	0.6256	0.1182	0.3916	0.5086	正向指标
X8	1.0000	0.0000	0.0981	0.8889	0.8426	0.8827	0.8704	0.8584	负向指标
X9	1.0000	0.6494	0.5611	0.1044	0.0590	0.0000	0.1254	0.1202	负向指标
X10	0.8491	1.0000	0.6705	0.2385	0.4263	0.0000	0.3785	0.6385	负向指标
X11	1.0000	0.4545	0.4318	0.0000	0.0909	0.1818	0.1023	0.1477	正向指标
X12	0.1851	0.3139	0.3444	1.0000	0.1841	0.1181	0.0000	0.0928	正向指标
X13	0.1103	0.1101	0.1020	0.0000	0.1304	0.1597	1.0000	0.9741	正向指标
X14	1.0000	0.8318	0.3513	0.0000	0.6049	0.4175	0.2726	0.3345	正向指标
X15	0.7396	0.8696	1.0000	0.0000	0.8861	0.8909	0.8910	0.8910	正向指标
X16	0.0000	0.3140	0.6851	0.6409	1.0000	0.4788	0.4890	0.4107	正向指标

	2012 年	2013 年	2014 年	2015 年	2016 年	2017 年	2018 年	2019 年	指标性质
X17	0.5483	0.6560	0.8710	0.4150	0.5483	0.2541	0.5737	1.0000	正向指标
X18	1.0000	0.8109	0.2846	0.2754	0.2811	0.2942	0.1927	0.0000	正向指标
X19	0.0304	0.0000	0.4220	0.6760	0.7309	0.9389	0.9706	1.0000	正向指标
X20	0.8379	0.8632	0.8970	0.0000	0.0412	0.0687	1.0000	0.9142	正向指标

8.6.2　指标权重的确定

由于以上 20 个指标的贡献不同，所以需要在评估之前确定这 20 个指标的权重。

权重是对评估系统中的每个指标对特定评估级别或整体评估系统的影响进行定量计算的最终分布。由于每个评估指标对土壤资源可持续利用总体目标的影响在整个评估系统中都不相同，因此，科学合理地确定每个指标的权重对评估的总体客观性具有非常重要的影响。出于对实际情况的考虑，本书采用德尔菲法（专家调查法）确定权重。

德尔菲法也被称为专家法。其特点是通过汇集专家们的知识和经验来确定每个指标的权重，通过不断调整和反馈来获得满意的结果。

基本步骤如下：①选择专家（由于情况特殊，此过程选择的专家为导师和本组成员，并且双方均已征得另一方的同意）。②将 20 项指标和相关文档以及待定的权重和统一的权重规则发送给选定的专家成员，请他们独立给出每个指标的权重。③收集结果并计算每个指标权重的平均值和标准偏差。④将计算结果和其他信息返回给专家，并请所有专家在新的基础上确定权重。⑤重复步骤③和步骤④，直到每个指标的权重与其平均值之间的偏差不超过预定标准，即专家的意见基本上趋于一致，从而使指标均值权重值用作指标权重。

权重确定流程如图 8 - 1 所示。

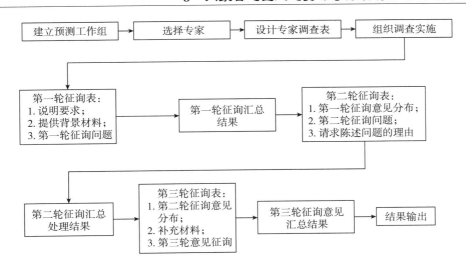

图 8-1 德尔菲法确定权重流程

从表 8-5 可以得出各个指标对鄂尔多斯市的土地资源可持续利用具有不同的影响。就准则层来说影响最大的是资源稳定性，权重是 0.32，其次是环境保护性，权重为 0.29，第三是经济可行性，权重是 0.22，最后是社会支撑性，权重是 0.17，见表 8-6。

表 8-5 各指标权重表

准则层（Bi）	指标层（Xi）		指标权重（Wi）
资源稳定性 B1	X1：人均土地面积	0.32	0.0416
	X2：人均耕地面积		0.0896
	X3：建设用地		0.0480
	X4：草原可利用面积		0.0768
	X5：有效灌溉面积利用率		0.0608
环境保护性 B2	X6：森林覆盖率	0.29	0.0580
	X7：造林面积比率		0.0463
	X8：单位面积工业固体废弃物排放量		0.0609
	X9：单位面积工业废水排放量		0.0725
	X10：单位面积化肥施用量		0.0493

续表

准则层（Bi）	指标层（Xi）	指标权重（Wi）	
经济可行性 B3	X11：GDP 增长率	0.22	0.0506
	X12：人均 GDP		0.0638
	X13：第一产业产值占生产总值比重		0.0308
	X14：第二产业产值占生产总值比重		0.0462
	X15：地均固定资产投资密度		0.0286
社会支撑性 B4	X16：人口自然增长率	0.17	0.0374
	X17：农业劳动力比重		0.0306
	X18：城乡居民收入比率		0.0476
	X19：城镇人均住房面积		0.0323
	X20：人口密度		0.0221

表 8 - 6　2012～2019 年各个指标的权重

年份	2012	2013	2014	2015	2016	2017	2018	2019
资源稳定性 B1	0.0398	0.0416	0.0312	0.0249	0.0188	0.0109	0.0053	0.0000
	0.0896	0.0821	0.0224	0.0149	0.0149	0.0075	0.0000	0.0000
	0.0000	0.0473	0.0473	0.0007	0.0480	0.0364	0.0108	0.0062
	0.0768	0.0598	0.0598	0.0112	0.0003	0.0000	0.0003	0.0003
	0.0001	0.0001	0.0608	0.0000	0.0010	0.0009	0.0008	0.0008
环境保护性 B2	0.0000	0.0105	0.0105	0.0426	0.0531	0.0549	0.0580	0.0580
	0.0000	0.0463	0.0249	0.0330	0.0290	0.0055	0.0181	0.0235
	0.0609	0.0000	0.0060	0.0541	0.0513	0.0538	0.0530	0.0523
	0.0725	0.0471	0.0407	0.0076	0.0043	0.0000	0.0091	0.0087
	0.0419	0.0493	0.0331	0.0118	0.0210	0.0000	0.0187	0.0315
经济可行性 B3	0.0506	0.0230	0.0219	0.0000	0.0046	0.0092	0.0052	0.0075
	0.0118	0.0200	0.0220	0.0638	0.0117	0.0075	0.0000	0.0059
	0.0034	0.0034	0.0031	0.0000	0.0040	0.0049	0.0308	0.0300
	0.0462	0.0384	0.0162	0.0000	0.0279	0.0193	0.0126	0.0155
	0.0212	0.0249	0.0286	0.0000	0.0253	0.0255	0.0255	0.0255
社会支撑性 B4	0.0000	0.0117	0.0256	0.0240	0.0374	0.0179	0.0183	0.0154
	0.0168	0.0201	0.0267	0.0127	0.0168	0.0078	0.0176	0.0306
	0.0476	0.0386	0.0135	0.0131	0.0134	0.0140	0.0092	0.0000
	0.0010	0.0000	0.0136	0.0218	0.0236	0.0303	0.0314	0.0323
	0.0185	0.0191	0.0198	0.0000	0.0009	0.0015	0.0221	0.0202

8.6.3　计算评价结果

通过表 8 - 5 各指标的权重 Wi 和表 8 - 4 各指标的标准化值 yi，利用综合效益指数模型即可算出鄂尔多斯市土地利用效益的评价分值，如表 8 - 7 所示。具体公式如下：

$$Pi \sum_{i=1}^{n} Wiyi \qquad\qquad (8-3)$$

其中，P 表示综合效益；Wi 表示各指标权重；yi 表示各指标标准化值。为制图方便，表 8 - 7 的数据均在原基础上扩大了 100 倍。

表 8 - 7　2012~2019 年鄂尔多斯市土地利用效益评分分值

年份	2012	2013	2014	2015	2016	2017	2018	2019
资源稳定性	6.60	7.39	7.09	1.66	2.66	1.78	0.55	0.23
环境保护性	5.08	4.44	3.34	4.32	4.60	3.31	4.55	5.05
社会支撑性	2.93	2.41	2.02	1.40	1.62	1.46	1.63	1.86
经济可行性	1.43	1.52	1.69	1.22	1.57	1.22	1.67	1.67

由图 8 - 2 得知鄂尔多斯市的资源稳定性在 2014 年出现了一个拐点，这是由于 2014 年 10 月 20 日，党的十八届四中全会提出并通过了一系列关于环保的法律，称为史上最严的《环保法》，在全国内实施，所以资源稳定性，环境支撑性和经济支撑性均有不同程度的下降，环境稳定性下降趋势最大，之后各指标在 2016 年有了平稳回升，2017 年国务院出台了《关于全民所有自然资源资产有偿使用制度改革意见》，资源稳定性又有下降趋势，此政策促进了经济的增长和环境的保护，所以环境保护性和社会支撑性指标都有平稳上升的趋势。由图 8 - 2 和表 8 - 7 预测未来几年鄂尔多斯市的土地利用会向好的方向发展，各项指标占比区域相似。

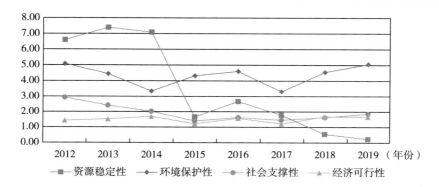

图 8 - 2 2012～2019 年鄂尔多斯市土地可持续利用综合评价结果

8.7 土地资源可持续利用问题分析及对策

8.7.1 存在的问题

（1）资源不稳定性强。根据表 8 - 5 得出，资源稳定性所占的比例为 0.32，其中占比最高的是人均耕地面积。所以，鄂尔多斯是应该继续保持或者平稳增长人均耕地面积。

（2）环境保护意识差。由表 8 - 5 得出环境保护性是在进行综合评价时赋予占比第二的权重，其中占比最大的指标是单位面积工业废水，属于负向指标，凸显的问题是鄂尔多斯市在利用资源的时候没有处理好废水的排放导致环境的破坏。

（3）城乡居民收入差距大。由表 8 - 5 得出，在社会支撑性中，占比最大的是城乡收入差距，属于负向指标，意味着鄂尔多斯市普遍存在着城乡居民收入差距大的问题，同样从表中也可以看出，人口密度属于正向指标，但是占比最少，意味着鄂尔多斯市人才缺失严重。

8.7.2　对策

（1）增强资源稳定性，合理控制建设用地面积，适当提高人均土地利用面积。

基本农田是耕地中的精华，是"吃饭田""保命田"。鄂尔多斯市人口超过200万，按照国家要求，在土地利用总体规划的基础上，切实做到落地有户、上图入库。指定基本农田后，必须实行严格的管理和保护，在未经允许的情况下，任何单位和个人不得占用或改变其用途。继续保持或者适当减少鄂尔多斯市的建设用地面积，以防出现土地浪费的现象。

（2）优化产业结构，大力发展环保产业，尽早实现"碳达峰、碳中和"目标。

鄂尔多斯市需大力发展循环经济，减少工业"三废"污染。政府要积极响应国家号召。"碳中和、碳达峰"将成为我国"十四五"规划框架内防治污染和控制污染的主要目标。在做好"碳达峰、碳中和"工作方面，从根本和源头上作出部署，鄂尔多斯市应该明确加快调整优化产业结构、能源结构，以及大力发展新能源，继续打好污染防治攻坚战，努力实现"美丽中国"的目标。

所以，现在应该加大力度发展精加工重工业，降低第二产业产值的能耗，并且通过技术创新提升并改造传统的高能耗、高污染产业，把经济发展所带来的环境污染、生态破坏降到最低水平。

（3）减少城乡居民收入差距，吸引人才。①普及教育，使教育机会均等，收入水平与教育水平相关，受教育程度越高，收入越高。普通劳动者可以通过培训提高他们的工作技能，这也将改变他们的低收入状况。政府应增加对教育的投资，使每个人都有机会接受教育，并解决低收入家庭的孩子上不起学的问题。②有必要实施有利于缩小收入差距的宏观经济政策，而不是实施扩大差距的政策，保护合法收入，禁止非法收入。③政府要推行引进人才政策，引进大学生及支持政策，可以施行凡在鄂尔多斯市落户的大学生可享受购房总价的补贴及工资的增长。

附　录

2012～2019 年鄂尔多斯市土地可持续利用主要指标实际值

指标＼年份	2012	2013	2014	2015	2016	2017	2018	2019
X1	4.3000	4.3064	4.2701	4.2483	4.2272	4.1998	4.1802	4.1618
X2	0.0211	0.0210	0.0202	0.0201	0.0201	0.0200	0.0199	0.0199
X3	0.2880	0.3784	0.2893	0.3684	0.3798	0.3576	0.3086	0.2998
X4	0.8065	0.7763	0.6706	0.6900	0.6707	0.6701	0.6706	0.6706
X5	59.2444	59.2443	75.9573	59.2242	59.5111	59.4823	59.4536	59.4536
X6	25.0641	25.4201	25.8132	26.5073	26.8634	26.9246	27.0300	27.0300
X7	76.6100	110.8000	95.0000	101.0000	98.0000	80.6500	90.0000	94.0000
X8	2.0493	14.2314	13.0364	3.4032	3.9662	3.4777	3.6283	3.7742
X9	4.9089	6.2774	6.6220	8.4046	8.5819	8.8123	8.3228	8.3432
X10	26.3063	25.0220	27.8257	31.5023	29.9045	33.5320	30.3112	28.0986
X11	113.0000	108.2000	108.0000	104.2000	105.0000	105.8000	105.1000	105.5000
X12	18.2457	19.6079	19.9297	26.8634	18.2342	17.5362	16.2877	17.2688
X13	2.4650	2.4647	2.4557	2.3417	2.4874	2.5201	3.4591	3.4302
X14	60.5211	59.8936	58.1006	56.7898	59.0468	58.3478	57.8070	58.0381
X15	29586.9821	34484.0450	39392.8317	1739.8738	35105.9563	35286.2676	35287.2676	35288.2676
X16	0.2390	0.5800	0.9830	0.9350	1.3250	0.7590	0.7700	0.6850
X17	21.4584	21.6987	22.1784	21.1611	20.2354	20.8023	21.5152	22.4661
X18	290.2946	282.2813	259.9747	259.5839	259.8256	260.3801	256.0774	247.9103
X19	0.4847	0.4730	0.6353	0.7330	0.7541	0.8341	0.8463	0.8576
X20	23.0701	23.2200	23.4200	18.1073	18.3513	18.5139	24.0300	23.5221

9 库布齐沙漠地区植被风蚀动力学模型求解及因子分析

9.1 引 言

20 世纪以来，绿洲面积开始减少，荒漠化日益严重，甚至影响到人们的日常生活，因此相关问题的研究具有重要意义。本章应用动力学模型解决了实际的生态问题。首先，考虑了植被覆盖率和风蚀率以及外力作用之间的关系，从而建立植被风蚀动力学模型。其次，利用常系数微分方程的解法，对植被风蚀动力学模型进行求解，通过分析结果，了解到各个变量之间的关系。最后，为证明植被风蚀动力学模型中重要因子的相关性，运用 SPSS 软件对相关因子进行了主成分分析。经过以上分析，最终表明增加库布齐沙漠地区植被覆盖、减弱风蚀可抑制沙漠化，但需长期执行。

9.1.1 研究背景及意义

20 世纪以来，土地荒漠化这一问题愈发严重，其影响已经渗透到人类的日常生活中，甚至开始制约相关地区的经济发展，所以荒漠化已经成为重大生态环境问题。《联合国防治荒漠化公约》描述道，我们可以对中国的荒漠化进行分类，若按其主导因素，可以从风蚀荒漠化和水蚀荒漠化等方面进行分类。而由风蚀导致的荒漠化成为各类型荒漠化土地中占比最大的一种，已经超过我国荒漠化面积的一半。

土壤是地球表面的重要环境要素，负责环境中相关物质的输入和输出。从另外一个角度来看，土壤为人类生存提供食物和纤维，是人类生活中极为重要的部分。在现实生活中，根据地表上的土壤成分不同和地表所处的地区气候不同，也可以将荒漠进行分类，如岩漠、沙漠、寒漠等。而土壤侵蚀一般是指土壤上的物质受到外围力的作用，被转移、损坏的过程。由于导致土壤被破坏的程度不同，若加上其他各种自然因素的作用，造成不同形式的土壤侵蚀，如水力侵蚀、风力侵蚀等。水力侵蚀是在降水、地表径流的冲刷下，土壤土体被破坏、剥蚀的过程；风力侵蚀是指土壤颗粒或沙砾碎屑等物质脱离干燥的地表面，被搬运和堆积的过程。显然，土壤风蚀受植被覆盖状况、土壤特性、气候、降水条件及人为作用等众多因素的影响。

多年的经验表明，植物治沙无疑是阻止荒漠化加剧最有效的措施。不论是相关实践还是理论，在有效降低土地风蚀度的各类活动中，植被发挥着巨大的作用。相较于世界上的其他国家，我国的土地荒漠化问题较为突出。故而随着当前环境问题越来越严重，人们对相关问题的研究也越来越全面。

位于中国西北部的库布齐沙漠由于近现代发展过程中自然条件的改变，以及人为活动对沙漠区域的干扰，使库布齐沙漠及其周围的地区土地沙漠化变得较为严重。库布齐的沙漠化问题势必会影响到当地经济和资源的协调发展，同时也会使环境更加恶化，还会对当地农牧民的生活造成不便，进而使其经济发展受到制约。与此同时，土地资源利用率的下降，生态平衡被破坏，有可能使周边地区，甚至使华北地区受到不良影响。因此，为实现资源经济的和谐友好发展，库布齐的荒漠化治理具有很重要的意义。

9.1.2　研究现状

随着社会各方面的快速发展，人类对自然环境粗放型地改造、开采使人类生活受到了严重的影响，因此荒漠化问题日益严重，因而受到了很多学者的关注。

在人类的各种活动中，工业活动毫无疑问对土地资源荒漠化影响最为严重，然而相较于国内，国外的工业方面的改革更为早些，因此，它们在荒漠化相关问题的研究上面，更加早一步开始，Aranbaev 等指出，如果土地在接受长期种植的条件下，可能会形成特殊的灌溉系统、土壤质地。人们都想多一点绿洲覆盖，但在这个过程中，如果不恰当地使用水资源，完全有可能会加剧风蚀的作用，从而加剧土地的荒漠化。相较于外国，我国学者早在 2000 多年前，就开始研究土壤风蚀。到了清代，部分农民已开始通过一系列相关的措施来抑制土壤风蚀。在20 世纪五六十年代，中国科学院曾到西北地区进行大规模的实地科学调查。到了 90 年代，大批国内外学者开始研究中国西北干旱区的荒漠化问题。与此同时，随着科技的飞速发展，遥感技术被很多学者采纳，并得到了广泛应用，其中包括在研究土地沙化上的应用。

至今，我国仍有学者针对各干旱区荒漠绿洲的生物、水资源、生态环境、可持续发展等方面深入研究。张克斌构建了一个全面指标体系，其中包括土地利用类型、土壤因素等众多指标。各类研究均显示，在干旱区，在影响绿洲植被覆盖率的众多因素中，水资源是最重要的因素。而在荒漠化的研究方面，除了植被单一的变化，荒漠化进程还可以在其他方面间接地表现出一些明显的变化，如在土壤和气候等方面。这样一来，以综合指标监测荒漠化成为国家监测指标体系建立的重要思路，与此同时，国家林业局选取了一些指标，如植被的覆盖程度、土地的地质情况等进行了一系列有关土地荒漠化的调查。

9.2 研究区概况

9.2.1 地理位置

库布齐沙漠也称河套沙漠或鄂尔多斯高原,在黄河巴彦高勒—三湖河口河段以南地区,西面、北面、东面均挨着黄河,从地势方面来看,南部的地势高,属于高原台地,而北部的地势低,属于河漫滩地。库布齐沙漠离北京较近,位置在鄂尔多斯市中部。

库布齐沙漠位于呼包鄂经济带,曾经因为土地沙漠化问题严重而被称为"死亡之海",经过三十多年的治理,自然生态环境总体好转。

库布齐沙漠西部区南北较宽,东部区南北较窄,总体上呈西南走向。沙漠昼夜温差大,年平均气温 6.3℃,常年盛行西风和西北风。并且和鄂尔多斯地台相连,断陷幅度较大。沙漠地势西南高而东北低,在西南方向上,靠近鄂尔多斯高原丘陵区,其中的沙丘地貌有新月形沙丘及格状沙丘等。

9.2.2 气候与土壤

库布齐沙漠气候类型属于中温带干旱、半干旱区,昼夜温差大,气候干燥,东部为半干旱区,雨量相对较多;西部为干旱区,热量丰富。冬天持续时间长,气温低,降雪稀少;夏天持续时间短,气候较为温和,但是降水比较集中,且因为东西部地区降水量的差异,使沙漠东部为半干旱地区,西部为干旱区。所以全年温差大,年日照时数在 3000 小时上下,年平均气温在 7℃ 上下,干燥度为1.5~4,大风日数为 25~35 天,年降水量为 150~400 毫米。

从植被类型来看，库布齐沙漠植被类型多样化。从土壤方面来看，东部土壤是栗钙土，西部土壤是棕钙土，这也是造成植被差异的一个原因。而土壤类型差异的原因也较多，如所处地区干旱少水，会使土壤发育受到一定程度的限制，从而造成土壤的差异性，这样也会使植被有所不同。

总的来说，由于库布齐沙漠的生态环境较为脆弱。1988 年以来，内蒙古自治区各级政府、企业和个人，均先后参与了沙漠的生态治理。就目前来看，治理库布齐地区的荒漠化问题已经有了很大的进步，这使该地区居民的生活质量有所改善，该地区的经济发展也有了一定程度的进步。而治理库布齐沙漠化问题，可以分为以下几个阶段：

（1）1988 ~ 1995 年，该阶段处于被动状态，由于各种因素，植树造林并不积极。主要的特征为：在资金方面支持不足；在技术方面不先进，使得效率较低，故而土地沙漠化的治理面积也不大。

（2）1996 ~ 2001 年，化被动为主动，在这一时期中，在政府的支持鼓励下，无论是企业还是个人，都不再被动，而是主动、积极地投入到改善荒漠化的任务当中。

（3）2002 ~ 2003 年，较为理想的时期，期间有一些企业开始试着去进行生态治理，但是不见较大成效。

（4）2004 ~ 2006 年，这一时期政府愈发重视生态问题，先前出现的资金问题、技术问题在政府的帮助下均得到改善，荒漠化的治理更加正规。所以与上一阶段相比，这一时期的治理效果较为明显。

（5）2007 年至今，这一阶段各方面技术更加完善成熟，治理过程更加科学化，从规模来看，治理的规模也越来越大。尤其是库布齐沙漠化的治理，取得了很大的进步。

目前，经过治理，库布齐沙漠的生态环境有很大的改善，与此同时，在面对周围的冲击时，也有较强的抵抗力。总体来看，生态系统更加稳定，发展更加良性化。库布齐沙漠起沙影响范围较大，对京津冀地区及华北地区均有影响。

9.3 植被风蚀动力学模型

9.3.1 动力学模型的建立

在植被与土壤侵蚀作用的过程中，Thornes 等提出了以下动力学方程：

$$\begin{cases} \dfrac{dV}{dt} = (a - bV)V - cE \\ \dfrac{dE}{dt} = dE - fV \end{cases} \tag{9-1}$$

其中，V 表示植被覆盖率，大多数情况采用百分比的形式；E 表示土壤侵蚀率，也采用百分比的形式。并且其中的 a、c、d、f 表示区域内一些特征参数，这些参数与所在环境的气候、土壤、水文等自然条件有一定的关联。

王兆印等在 Thornes 的理论模型上，同时考虑了很多人为的干扰作用，从而对植被侵蚀动力学模型进行了更为深入、全面的研究，在研究植被和侵蚀率演变的规律上面取得了理想的结果。冯标等在相关的研究中，建立了一个土壤水蚀以及植被生长之间的动力学模型，并且进行了理论分析及相应的数据模拟。马艳萍等在植被与土壤风蚀相关研究中把式（9-1）中的风蚀面积比 S 代替了泥沙的侵蚀率，同时加入了人为作用力项 V_t 和 S_t。

下面在 Thornes 理论模型的基础上，建立起新的模型。

9.3.2 植被的动力学方程

植被的变化会使生态环境变化，是衡量区域植被变化情况或区域生态环境变化的重要指标。在风蚀发生的地区，不仅会给植被造成机械性的损伤，而且还会使土壤养分丧失、水分降低，使植物生长缓慢、枯萎凋谢、作物产量下降等。

$$\frac{dV}{dt} = aV - cS + V_t \tag{9-2}$$

其中，V 表示植被覆盖度；S 表示风蚀率；t 表示时间；V_t 表示外部生态应力对植被覆盖度的影响值（人为活动对植被覆盖率的影响值），也是时间 t 的影响值；a 表示植被繁殖生长对植被覆盖度的影响参数，c 表示风蚀对植被覆盖的影响参数。

9.3.3 风蚀的动力学方程

风蚀也是在风力作用下，使地表物质被磨蚀的过程。

$$\frac{dS}{dt} = dS - fV + S_t \tag{9-3}$$

其中，V 表示植被覆盖度；S 表示风蚀比；t 表示时间；S_t 表示外部生态应力对风蚀比的影响值，也是时间 t 的影响值；d 表示对风蚀有促进作用的相关参数；f 表示植被对风蚀比的抑制作用。

9.3.4 植被风蚀动力学方程组

将式（9-2）和式（9-3）联立，得到植被—风蚀动力学方程：

$$\begin{cases} \dfrac{dS}{dt} = dS - fV + S_t \\ \dfrac{dV}{dt} = aV - cS + V_t \end{cases} \tag{9-4}$$

其中，V 表示植被覆盖度；S 表示风蚀率；t 表示时间；V_t 表示外部生态应力对植被覆盖度的影响值；a 表示植被繁殖生长对植被覆盖度的影响参数；c 表示风蚀对植被覆盖的影响参数；S_t 表示外部生态应力对风蚀比的影响值；d 表示对风蚀有促进作用的相关参数；f 表示植被对风蚀比的抑制作用。由于植被的生长和风蚀的发生会受到很多自然生态因素的影响，如干旱、降雨降水、地形地质、植被覆盖、风速等。所以，模型中的参数在一定程度上表现出了这些影响因素产生的作用。

9.4 植被风蚀动力学模型的求解

9.4.1 研究方法

求解过程中涉及了微分方程的一些理论和解法，具体如下：

齐次微分方程和非齐次微分方程的概念：

$$\frac{d^n x}{dt^n} + a_1(t)\frac{d^{n-1}x}{dt^{n-1}} + \cdots + a_{n-1}(t)\frac{dx}{dt} + a_n(t)x = f(t) \tag{9-5}$$

其中，$a_i(t)$（$i = 1, 2, \cdots, n$）及 $f(t)$ 均为区间 $a \leqslant t \leqslant b$ 上的连续函数。若 $f(t) \equiv 0$，式（9-5）变为：

$$\frac{d^n x}{dt^n} + a_1(t)\frac{d^{n-1}x}{dt^{n-1}} + \cdots + a_{n-1}(t)\frac{dx}{dt} + a_n(t)x = 0 \tag{9-6}$$

称式（9-5）为 n 阶非齐次线性微分方程，通常把式（9-6）称为对于式（9-5）的齐次线性微分方程。

常系数齐次线性微分方程解法：

设齐次线性微分方程中所有系数都是常数，则有如下方程：

$$L[x] \equiv \frac{d^n x}{dt^n} + a_1\frac{d^{n-1}x}{dt^{n-1}} + \cdots + a_{n-1}\frac{dx}{dt} + a_n x = 0 \tag{9-7}$$

其中，a_1，a_2，$\cdots$，a_n 为常数，称式（9-7）为 n 阶常系数线性微分方程。它的求解问题可归为代数方程求根问题，写出特征方程之后，求出特征方程的根，最后对特征根的不同情况进行讨论。

首先是特征根为单根。设 λ_1，λ_2，$\cdots$，λ_n 是特征方程的 n 个彼此不相等的根，则相应地方程有 n 个解：

$$e^{\lambda_1 t}，e^{\lambda_2 t}，\cdots，e^{\lambda_n t}$$

其次是特征根均为实数，则方程的通解表示为：

$$x = c_1 e^{\lambda_1 t} + c_2 e^{\lambda_2 t} + \cdots + c_n e^{\lambda_n t} \tag{9-8}$$

其中，c_1，c_2，$\cdots$，c_n 为任意常数。

最后是特征方程有复根。方程系数是实常数，出现共轭复根，设 $\lambda_1 = \alpha + i\beta$ 是一特征根，则 $\lambda_1 = \alpha - i\beta$ 也是特征根，故与这对共轭复根对应的方程有两个解：

$$e^{(\alpha+i\beta)t} = e^{\alpha t}(\cos\beta t + i\sin\beta t) \tag{9-9}$$

$$e^{(\alpha-i\beta)t} = e^{\alpha t}(\cos\beta t - i\sin\beta t) \tag{9-10}$$

9.4.2　求解过程

由以上的分析可得以下方程组：

$$\begin{cases} \dfrac{dS}{dt} = dS - fV + S_t \\[2mm] \dfrac{dV}{dt} = aV - cS + V_t \end{cases} \tag{9-11}$$

则方程组（9-11）对应的齐次线性微分方程组为：

$$\begin{cases} \dfrac{dS}{dt} = dS - fV \\[2mm] \dfrac{dV}{dt} = aV - cS \end{cases} \tag{9-12}$$

则齐次线性微分方程组对应的系数矩阵为：

$$A = \begin{bmatrix} a & -c \\ -f & d \end{bmatrix}$$

所以，令 $|\lambda E - A| = 0$：

$$\Leftrightarrow \begin{vmatrix} \lambda - a & c \\ f & \lambda - d \end{vmatrix} = 0$$

$$= (\lambda - a)(\lambda - d) - cf$$

$$= \lambda^2 - d\lambda - a\lambda + ad - cf$$

$$= \lambda^2 - (d\lambda + a\lambda) + ad - cf = 0$$

$$\Leftrightarrow \lambda_1 = \frac{(a + d) + \sqrt{(a + b)^2 - 4(ad - cf)}}{2}$$

$$\lambda_2 = \frac{(a + d) - \sqrt{(a + b)^2 - 4(ad - cf)}}{2}$$

所以，从结果可以看出，$\lambda_1 \neq \lambda_2$。将 $V = c_1 e^{\lambda_1 t} + c_2 e^{\lambda_2 t}$ 代入 $\frac{dV}{dt} = aV - cs$ 得：

$$\lambda_1 c_1 e^{\lambda_1 t} + \lambda_2 c_2 e^{\lambda_2 t} = ac_1 e^{\lambda_1 t} + ac_2 e^{\lambda_2 t} - cS$$

$$\Leftrightarrow cS = ac_1 e^{\lambda_1 t} + ac_2 e^{\lambda_2 t} - \lambda_1 c_1 e^{\lambda_1 t} - \lambda_2 c_2 e^{\lambda_2 t}$$

$$\Leftrightarrow cS = (a - \lambda_1) c_1 e^{\lambda_1 t} + (a - \lambda_2) c_2 e^{\lambda_2 t}$$

$$\Leftrightarrow S = \frac{(a - \lambda_1) c_1 e^{\lambda_1 t} + (a - \lambda_2) c_2 e^{\lambda_2 t}}{c}$$

$$\Leftrightarrow S = \frac{(a - \lambda_1) c_1 e^{\lambda_1 t}}{c} + \frac{(a - \lambda_2) c_2 e^{\lambda_2 t}}{c}$$

其中，c_1 和 c_2 为积分常数，所以方程组的通解为：

$$\begin{cases} V = c_1 e^{\lambda_1 t} + c_2 e^{\lambda_2 t} \\ S = \dfrac{(a - \lambda_1) c_1 e^{\lambda_1 t}}{c} + \dfrac{(a - \lambda_2) c_2 e^{\lambda_2 t}}{c} \end{cases} \qquad (9-13)$$

在求解原非齐次微分方程组的过程中，还有另外一种方法，主要思想是把一阶微分方程组转换成一个二阶微分方程，然后利用二阶微分方程求解步骤求出最后的解。已知微分方程组：

$$\begin{cases} \dfrac{dV}{dt} = aV - cS + V_t \\ \dfrac{dS}{dt} = dS - fV + S_t \end{cases} \qquad (9-14)$$

由方程组（9-13）可得：

$$fV = dS + S_t - \frac{dS}{dt}$$

$$\Leftrightarrow V = \frac{1}{f}dS + \frac{1}{f}S_t - \frac{1}{f}\frac{dS}{dt}$$

$$\frac{dV}{dt} = \frac{d}{f}\frac{dS}{dt} - \frac{1}{f}\frac{d^2S}{dt} = \frac{ad}{f}S - \frac{a}{f}S_t - \frac{a}{f}\frac{dS}{dt} - cS + V_t$$

$$\Leftrightarrow -\frac{1}{f}\frac{d^2S}{dt} + \frac{d}{f}\frac{dS}{dt} + \frac{a}{f}\frac{dS}{dt} + \left(c - \frac{ad}{f}\right)S = V_t - \frac{a}{f}S_t$$

$$\Leftrightarrow \frac{1}{f}\frac{d^2S}{dt} - \frac{d}{f}\frac{dS}{dt} - \frac{a}{f}\frac{dS}{dt} + \left(\frac{ad}{f} - c\right)S = \frac{a}{f}S_t - V_t$$

$$\Leftrightarrow \frac{d^2S}{dt} - d\frac{dS}{dt} - a\frac{dS}{dt} + (ad - cf)S = aS_t - fV_t$$

$$\Leftrightarrow \frac{d^2S}{dt} - (a + d)\frac{dS}{dt} + (ad - cf)S = aS_t - fV_t$$

所以，与之对应的齐次微分方程为：

$$\frac{d^2S}{dt} - (a + d)\frac{dS}{dt} + (ad - cf)S = 0 \qquad (9-15)$$

与之对应的特征方程为：

$$\lambda^2 - (a + d)\lambda + (ad - cf) = 0 \qquad (9-16)$$

$$\Delta = (a + d)^2 - 4(ad - cf)$$

$$\lambda_1 = \frac{(a + d) + \sqrt{(a + b)^2 - 4(ad - cf)}}{2}$$

$$\lambda_2 = \frac{(a + d) - \sqrt{(a + b)^2 - 4(ad - cf)}}{2}$$

故而从结果可以看出，$\lambda_1 \neq \lambda_2$。

接下来的步骤和上面部分一致：

将 $V = c_1 e^{\lambda_1 t} + c_2 e^{\lambda_2 t}$ 代入 $\frac{dV}{dt} = aV - cs$，得：

$$\lambda_1 c_1 e^{\lambda_1 t} + \lambda_2 c_2 e^{\lambda_2 t} = ac_1 e^{\lambda_1 t} + ac_2 e^{\lambda_2 t} - cS$$

$$\Leftrightarrow cS = ac_1 e^{\lambda_1 t} + ac_2 e^{\lambda_2 t} - \lambda_1 c_1 e^{\lambda_1 t} - \lambda_2 c_2 e^{\lambda_2 t}$$

$$\Leftrightarrow cS = (a - \lambda_1)c_1 e^{\lambda_1 t} + (a - \lambda_2)c_2 e^{\lambda_2 t}$$

$$\Leftrightarrow S = \frac{(a - \lambda_1)c_1 e^{\lambda_1 t} + (a - \lambda_2)c_2 e^{\lambda_2 t}}{c}$$

$$\Leftrightarrow S = \frac{(a - \lambda_1)c_1 e^{\lambda_1 t}}{c} + \frac{(a - \lambda_2)c_2 e^{\lambda_2 t}}{c}$$

其中，c_1 和 c_2 为积分常数，所以方程组的通解为：

$$\begin{cases} V = c_1 e^{\lambda_1 t} + c_2 e^{\lambda_2 t} \\ S = \dfrac{(a - \lambda_1)c_1 e^{\lambda_1 t}}{c} + \dfrac{(a - \lambda_2)c_2 e^{\lambda_2 t}}{c} \end{cases} \qquad (9-17)$$

式（9-17）是由齐次微分方程组得到的结果，它代表的实际意义是没有受到生态应力的状况下。此时我们忽略了外力 S_t 和 V_t 的作用。S_t 为外部生态应力对风蚀比的影响值，V_t 为外部生态应力对植被覆盖度的影响值，如人为活动对植被覆盖率的影响。

但是，在绝大多数情况下，我们不能忽视生态应力，它可以在植被和风蚀的发展进程中产生很大的影响。所以，我们需要求出对应的非齐次微分方程的特解。过程如下：由上面的计算步骤，我们可以得到方程组（9-11）的通解为方程组（9-18）。

所以，根据通解的形式可设：

$$\begin{cases} V^* = c_1(t)e^{\lambda_1 t} + c_2(t)e^{\lambda_2 t} \\ S^* = c_1(t)\dfrac{(a - \lambda_1)e^{\lambda_1 t}}{c} + c_2(t)\dfrac{(a - \lambda_2)e^{\lambda_2 t}}{c} \end{cases} \qquad (9-18)$$

最后解得：

$$\begin{cases} V = c_1 e^{\lambda_1 t} + c_2 e^{\lambda_2 t} + e^{\lambda_1 t}\displaystyle\int\left[e^{-\lambda_1 t}e^{\lambda_2 t}\int e^{-\lambda_2 t}\left(\frac{dV_t}{dt} - dV_t - cS_t\right)dt\right]dt \\ S = \dfrac{(a - \lambda_1)c_1 e^{\lambda_1 t}}{c} + \dfrac{(a - \lambda_2)c_2 e^{\lambda_2 t}}{c} + e^{\lambda_1 t}\displaystyle\int\left[e^{-\lambda_1 t}e^{\lambda_2 t}\int e^{-\lambda_2 t}\left(\frac{dS_t}{dt} - aS_t - fV_t\right)dt\right]dt \end{cases}$$

$$(9-19)$$

通过构建动力学模型得到了相应的结果，根据所得出的结果，可以在一定程度上了解 V 和 S 及各个其他变量之间的关系。

在模型的实际运用过程中，根据已有的材料，先确定人为作用力 V_t 和 S_t 的取值，V_t（%）及 S_t（%）的取值范围应为 1 ~ 10。再结合前人已有的研究进行多次测算，通过不断地调整参数令 V 和 S 高度接近于实际值，这样便可以得到相应的 a、c、d、f 的值。

我们可以通过知道 V′和 S′的情况（V′为植被覆盖度在不同时间下的变化率；S′为风蚀度在不同时间下的变化率）来进行判断。若 V′和 S′均大于 0，则说明在此等条件下，随着时间的改变，植被覆盖率和风蚀度均会上升，这样的状态是不稳定的，我们所希望的是植被覆盖率增长而风蚀度将下降。之所以出现这样的情况，很有可能是前期的治理初见成效，但因为后期的维护不到位，使沙漠化出现了反弹的现象，说明了荒漠化的治理需要大量的时间投入和维护。若 V′小于 0 而 S′大于 0，便说明此时该区域的植被率在减小而风蚀度却在增大，显然，此时陷入了一个恶性循环。说明该区域的治理极为严峻，应采取修建防护栏等措施，从一定程度上减弱风蚀的影响，而此时选择植树造林便不太妥当。若 V′大于 0 而 S′小于 0，说明此时该区域的植被覆盖度是随时间的增加而不断增加的，风蚀度却在随时间的增加不断减少，显然这是一种理想状态，说明荒漠化的治理已见成效，接下来就需要继续维持，使荒漠化得到更好的改善。

此模型为植被风蚀模型，从库布齐沙漠的实际状况来看，此模型可以适用于库布齐沙漠化问题的治理。从最近几年的情况来看，库布齐沙漠并没有出现特别大的自然灾害使植被和风蚀受到较大的影响，所以在考虑外部作用力时，也就是在考虑 V_t 和 S_t 的时候，主要还是考虑人为活动的因素。

在上述分析的动力学模型中，植被覆盖率和风蚀率为模型涉及的重要变量，对相关方程求解可看出二者之间的关系，继而得出增加植被覆盖可以改善荒漠化的结论。在实际生态领域中，植被覆盖率的提高会促使草地的生成，而风蚀率的提高会促使裸地的生成，所以研究植被覆盖率和风蚀率的相关性也就是研究草地和裸地的相关性。接下来运用 SPSS 进行主成分分析来分析其中的相关性。若草地变化幅度和裸地变化幅度的相关性较强，则说明植被覆盖率和风蚀率的相关性强，关于植被覆盖率和风蚀率的动力学模型便具有研究意义。

9.5 因子分析

草地是有植被覆盖的区域，裸地是指植被覆盖极少的区域，所以草地在风蚀作用下很可能变成裸地。水域一般包括湖泊、河渠等，且不同类型的水域对植物生长均有促进作用。所以，草地、裸地、水域三者存在一定的联系。故而在动力学模型的基础上，通过主成分分析进一步了解草地和裸地之间的联系，从而反映出 V 和 S 的相关性。因此，通过中国科学院资源环境科学数据中心，选取了2000~2018 年库布齐沙漠地区草地、裸地、水域的变化幅度，并对这三个变量进行分析，各变量均为百分比形式。通过 SPSS 进行主成分分析可知：在表 9 - 1相关矩阵中，所得数据绝对值大于 0.75，说明两个变量之间相关性较强。从表中可以看出，草地和裸地的相关性较强。根据 KMO 检验，KMO 值越大越适合做主成分分析，此数据的 KMO 值为 0.535，根据相关的检验标准可知其适合做主成分分析。

表 9 - 1　相关矩阵

	草地	裸地	水域
草地	1.000	- 0.872	- 0.689
裸地	- 0.872	1.000	0.474
水域	- 0.689	0.474	1.000

本章主成分分析选取了三个变量，分别是草地变化幅度、裸地变化幅度和水域变化幅度。通过表 9 - 2 的输出结果可分析出，此次共有两个变量是主成分，分别是草地变化幅度和裸地变化幅度，且解释累积量共达 97.174%，大于85.000%，符合检验标准。

表 9－2　解释的总方差

成分	初始特征值			提取平方和载入		
	合计	方差/%	累积/%	合计	方差/%	累积/%
1	2.370	79.005	79.005	2.370	79.005	79.005
2	0.545	18.169	97.174	0.545	18.169	97.174
3	0.085	2.826	100.000			

图 9－1 为生成的碎石图，横坐标为成分数，纵坐标为特征值。特征值大于 1 时只有一个变量符合，所以选取的主成分只有一个。但是，对应累计解释变量百分比约为 79%，没有超过 85%，不符合提取主成分的要求，因此舍去。经过上述分析，最终选取草地和裸地两个解释变量做主成分，且草地变化幅度和裸地变化幅度的相关性较强，说明动力学模型中的主要因子是具有相关性的，可以通过增加植被覆盖率来改善荒漠化。

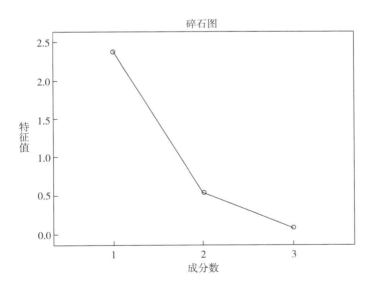

图 9－1　碎石图

9.6　结　论

在经济的高速发展下，半干旱地区土壤的风蚀与植被之间的相互作用研究成为了生态学中的主要问题之一。结合模型和库布齐沙漠实际植被和风蚀情况，不难发现，库布齐沙漠经过这些年的治理已见成效，需要我们继续维持并保持这种理想状态。

首先，本书从植被和风蚀的发生机理出发，并且考虑到二者的相互作用，加入与气候、土壤、水文等自然条件有关的参数。同时也考虑了外部生态力的影响，加入了 V_t（外部生态应力对植被覆盖度的影响）和 S_t（外部生态应力对风蚀比的影响），再利用常微分方程知识，对植被动力学方程和风蚀动力学方程求解，进而从动力学的角度来分析问题。其次，根据结果可分析出，如果从风蚀角度出发，就要减弱风蚀，可以采取修建防护栏等措施，从一定程度上减弱风蚀的影响；如果从植被覆盖率角度出发，就要加大植被覆盖度，可以动用人力去退耕还林或进行草地治理，使植被的覆盖率上升。最后，为证明动力学模型中重要因子的相关性，对库布奇沙漠地区的草地、裸地及水域构成变化百分比进行软件分析，从结果不难发现，草地变化幅度和裸地变化幅度的解释累积量达 97.174%，大于 85.000%，符合检验标准，并且在相关矩阵中，所得数据绝对值大于 0.75，说明草地和裸地之间相关性较强，因此可以考虑提高植被覆盖，从而使裸地面积减少，这样便可使荒漠化得到一定的改善。

本书利用常微分方程的相关解法，对植被风蚀动力学模型进行求解，并且对所得结果进行了分析，得出增加植被覆盖率和抑制风蚀均有利于沙漠化治理的结论。接着为证明动力学模型中重要因子的相关性，对动力学模型中涉及的重要因子进行了主成分分析，得出草地和裸地的相关性强，可以考虑提高植被覆盖减少裸地面积来进行治理。经过上述研究可以发现，增加植被覆盖可在一定程度上抑制风蚀、减少裸地面积，但需长时间地贯彻执行。而库布齐沙漠通过大规模沙化防治，增加植被覆盖，必然可以在一定程度上改善该地区的荒漠化问题，为沙漠增加绿色。

10 内蒙古地区土壤水分动力学模型的求解及其因子分析

10.1 引言

生态问题与我们的现实生活紧密相连。将动力学模型与生态问题结合起来，对于理解并且解决生态问题具有重要意义。另外，常微分方程作为动力学学科的重要分支，也是与我们现实生活中的实际问题紧密相连的重要桥梁，常微分方程在生态动力学模型中的应用非常广泛。本章首先给出土壤水分动力学模型，运用微分方程的理论和求解方法，结合常微分方程在生态问题中的应用，指出土壤水分动力学模型的生态意义，并且对土壤水分动力学模型进行微分方程求解。然后运用 SPSS 软件对内蒙古地区土壤水分和植被进行因子分析，使我们能够更加清晰地认识到土壤水分和植被之间的关系。即土壤水分和植被之间存在明显的正相关关系，能够说明土壤水分含量越高，越有利于植被的生长。

10.1.1 研究背景及意义

内蒙古自治区地域辽阔，土壤种类较多，其性质和生产性能也各不相同。根据土壤形成过程和土壤属性，分为 9 个土纲，22 个土类。在 9 个土纲中，以钙层土分布最少。内蒙古土壤在分布上东西之间变化明显，土壤带基本呈东北—西南向排列，最东为黑土壤地带，向西依次为暗棕壤地带、黑钙土地带、栗钙土地带、棕壤土地带、黑垆土地带、灰钙土地带、风沙土地带和灰棕漠土地带。其中黑土壤的自然肥力最高，结构和水分条件良好，易于耕作，适宜发展农业；黑钙土自然肥力次之，适宜发展农林牧业。土壤是由气候、水文等发生综合作用产生的，是动植物和微生物赖以生存的基本环境。土壤是生物和人类活动引起的一种环境变化，可以反映气候和记录气候。近几十年来，我国内蒙古地区的荒漠化现象越来越严重，因此对于土壤水分的研究具有重要的意义。植被由于具有固沙、固碳、固水和释放氧气等多种生态功能而被誉为"生态系统工程师"。植被的生长状况和覆盖率会受自然环境条件或人类活动的影响，如水、光照、降雨、风速、放牧等。这些因素相互作用或单独作用将导致不同的现象，进而，关注这一主题将有助于我们更好地理解土壤水分与植被生物量之间的关系。

土壤圈既是陆地表层系统的一个"关键带"，又是陆地表层系统中的"脆弱带"。土壤水分是必需条件，对植物的生长、植物群落的分布和构造等发挥着独特作用。土壤含水量又称土壤湿度，是用以说明土壤含水量的指标，借以研究土壤水分状况及其对植物的作用。土壤水分对地球的大气有很好的作用，可以让空气变得更好，减少空气中的尘土。大部分的植物叶片表皮都生长着一些细毛、黏液、油脂等，这种东西可以吸附大气中的粉尘和有害物质，净化大气中的有毒气体。植被生物量在不同的气候条件下，会形成不同的类型，光照、温度和雨量等会影响植物的生长和分布，形成了不同的植物群落。其具有很强的水土保持作用，覆盖面积比较大的植物群落覆盖在泥沙表面上，减少雨水对地表的冲刷，减轻地表的水土流失情况，减少土地干旱的情况，防止土地沙漠化。

10.1.2　研究现状

早期的土壤水分研究只有少量工作，从 19 世纪初开始，人们逐渐认识到土壤水分的重要性，开始给土壤水分赋予重要意义，把土壤水分的变动和其他发展规律结合起来，学者指出土壤干旱是导致人工林大面积死亡的直接原因，其后学者对土壤水分越来越重视，对土壤水分与植被生长之间的关系以及土壤水分的形态等进行了研究和分析，尽管这些研究只是一种相关分析，仍然具有重要的意义。

近年来，研究者对内蒙古地区的植被、气候、土壤、景观格局、生态环境问题、土地沙漠化、沙尘暴强度及移动路径、草原火灾等方面做了大量研究。植被表现在植被覆盖的时空变化、对全球气候变化的响应和植被物种丰富度的研究。有学者认为地形因子趋向于在宏观尺度上制约植被的空间分布，气候表现在对内蒙古地区气候的重建和近几十年的气候变化，土壤方面主要表现在土壤的理化性质。冯谦诚认为土壤水资源为土壤层内经常参与陆地水分交换的水量。刘昌明对土壤水分的概念进行了全面的论证，认为土壤水分对农作物来说是一种重要的资源。20 世纪 80 年代以来，我国在土壤水分的测量方面进行了大量工作，取得了一些不小的进展，数值模拟土壤水分运动也开始取得广泛应用，康邵忠以水量平衡为基础建立了计算和预测实际蒸散发量的动力学模型，提出了计算蒸发力的半经验公式；杨邦杰研究了土壤蒸发过程中的数值模拟；刘昌明等提出了土壤、植物、大气连续体中的蒸散发模型等。这一系列的研究促进了我国土壤水分模型的研究进展，以生物量为基础，研究作物与土壤水分之间的关系，主要是土壤水分对作物生长的影响。

10.2 生态动力学模型及土壤水分动力学模型的求解

10.2.1 生态动力学模型

10.2.1.1 单变量动力学模型

最早的单变量模型是 Bucket 模型，最初的干旱指标基本上只依赖于单一水分来源（降水等），它是一个与土壤水分相关的最基础的模型，具有一定的理论意义。

$$\frac{dy}{dt} = P - ET - R \qquad (10-1)$$

其中，$\frac{dy}{dt}$表示计算时间段末和计算时间段初，单位截面积土壤内的水分之差；P 表示计算时间段内的降水量；ET 表示向上散发到大气的水分蒸发量；R 表示径流量。式（10-1）属于单变量模型，并没有涉及生物量等因素，具有一定的局限性。

10.2.1.2　两变量动力学模型

两变量动力学模型是 Klausmeier 在研究干旱半干旱地区土壤水分的过程中提出的模型，该模型对植被量和土壤水分的关系进行模拟，采用两变量动力学模型进行分析研究。

$$\frac{dx}{dt} = kjyx^2 - dx + B\Delta^2(X, Y)x \qquad (10-2)$$

$$\frac{dy}{dt} = p - ey - kyx^2 + D\Delta(Y) \qquad (10-3)$$

其中，p 是降水量；ey 是土壤水分蒸发量，其中 e 是系数；kyx^2 是植被蒸腾失水量，k 是土壤水分与植被生物量相互作用的系数；j 是耗水系数；d 是植被死亡率；D、B 分别为水分、植被的扩散系数。

吴全忠等引入该模型，根据以上两变量动力学模型分析的干旱半干旱地区土壤水分分析，结合特定的试验观测和数值模拟，分析了某地区土壤水分与植被之间的关系。

10.2.1.3　三变量动力学模型

曾晓东等从动力学推理和观测数据的约束出发，在单变量和两变量的基础上推导出三变量动力学模型公式，引入了蒸散发量、植物生长因素等参数，考察的是地面上的植被及其组成的生态系统与土壤水分之间的关系。如：

$$\frac{dx}{dt} = G(x, y) - H(x, y) - C(x) \qquad (10-4)$$

$$\frac{dy}{dt} = P + W_{irr} - ET(x, y, z) - R(x, y, z) \tag{10-5}$$

$$\frac{dz}{dt} = G_z(x, y) - H_z(z) - C_z(z) \tag{10-6}$$

其中，G、H、C 分别为植被净增长率、枯萎率、消耗率；G_z、H_z、C_z 分别为枯落物在地面的堆积率、腐化分解率和消耗率；P 和 W_{irr} 分别为降水量和灌溉量；R 为径流量；ET 为蒸散发量。

10.2.1.4 土壤水分动力学模型

土壤水分动力学模型如下：

$$\frac{dW_{C1}}{dh} = -klnh \cdot W_{C1} \tag{10-7}$$

$$\frac{d(W_{C1} - |W_{C1} - f|)}{dh} = -k_1(W_{C1} - |W_{C1} - f|) \tag{10-8}$$

其中，W_C 为土壤水分，记土壤水分的补给为 W_{C1}，消耗为 $W_{C1} - W_C$。经分析知，有 $\lim\limits_{h \to h_{max}} W_{C1} = 0$（$h_{max}$ 为最大入渗深度），W_{C1} 的相对变化率不是常数。土壤水分的消耗（$W_{C1} - W_C$）也会随着土层深度的增加而减少，记为 k_1。另外，随深度的增加土壤含水量 W_C 的变化趋于稳定。

10.2.2 求解方法

运用常微分方程的知识对土壤水分垂直变化模型进行求解，首先，一阶线性微分方程的定义为，在微分方程中，若未知函数和未知函数的倒数都是一次的，则称其为一阶线性微分方程，一阶线性微分方程的一般式为：

$$\frac{dy}{dx} + P(x)y = Q(x) \tag{10-9}$$

当 $Q(x) = 0$ 时，方程（10-9）称为一阶线性齐次微分方程，当 $Q(x) \neq 0$ 时，该方程称为一阶线性非齐次微分方程。

10.2.2.1　一阶线性齐次微分方程的解法

（1）一般式。

$$\frac{dy}{dx} + P(x)y = 0 \tag{10-10}$$

（2）求解方法：分离变量法。

（3）通解公式。

$$\frac{1}{y}dy = -P(x)dx$$

$$\ln y = -\int P(x)dx + \ln c \tag{10-11}$$

$$y = ce^{-\int P(x)dx} \tag{10-12}$$

10.2.2.2　一阶线性非齐次微分方程的解法

（1）一般式。

$$\frac{dy}{dx} + P(x)y = Q(x) \tag{10-13}$$

（2）解法：常数变易法。

（3）通解公式。

$$y = e^{-\int P(x)dx}\left[\int Q(x)e^{\int P(x)dx}dx + C\right]$$

$$= Ce^{-\int P(x)dx} + e^{-\int P(x)dx} \cdot \int Q(x)e^{\int P(x)dx}dx \tag{10-14}$$

加号前面的为微分方程的齐次的通解，后者为非齐次微分方程的特解。

（4）常数变易法。

设 $y = u(x)e^{-\int P(x)dx}$ 为非齐次线性方程的解，则：

$$y' = u'(x)e^{-\int P(x)dx} + u(x)e^{-\int P(x)dx}(-P(x)) \tag{10-15}$$

将 y 和 y′代入原方程有：

$$\left[u'(x)e^{-\int P(x)dx} + u(x)e^{-\int P(x)dx}(-P(x))\right] + P(x)u(x)e^{-\int P(x)dx} = Q(x) \tag{10-16}$$

即

$$u'(x)e^{-\int P(x)dx} = Q(x) \tag{10-17}$$

$$u'(x) = Q(x)e^{\int P(x)dx} \qquad\qquad (10-18)$$

将该式两边进行积分有：

$$u(x) = \int Q(x)e^{\int P(x)dx}dx + C \qquad\qquad (10-19)$$

其通解为：

$$y = e^{-\int P(x)dx}\left[\int Q(x)e^{\int P(x)dx}dx + C\right] \qquad\qquad (10-20)$$

10.2.3　土壤水分动力学模型的求解

根据上述的常微分方程解法，对土壤水分动力学模型进行求解，首先对 10.2.1 中的式（10-7）、式（10-8）移项可得：

$$\frac{dW_{C1}}{W_{C1}} = -klnh \cdot dh \qquad\qquad (10-21)$$

$$\frac{d(W_{C1} - |W_{C1} - f|)}{(W_{C1} - |W_{C1} - f|)} = -k_1 \cdot dh \qquad\qquad (10-22)$$

接着对式（10-9）、式（10-10）两边进行积分有：

$$\int\frac{dW_{C1}}{W_{C1}} = -k\int lnh \cdot dh \qquad\qquad (10-23)$$

$$\int\frac{d(W_{C1} - |W_{C1} - f|)}{W_{C1} - |W_{C1} - f|} = -k_1 \cdot \int dh \qquad\qquad (10-24)$$

对式（10-23）、式（10-24）方程求解，进而有：

$$alnW_{C1} = -k\left(hlnh - \int h \cdot \frac{1}{h}dh\right) \qquad\qquad (10-25)$$

$$cln(W_{C1} - |W_{C1} - f|) = -k_1 \cdot h \qquad\qquad (10-26)$$

整理得到：

$$alnW_{C1} = -kh(lnh - 1) \qquad\qquad (10-27)$$

$$cln(W_{C1} - |W_{C1} - f|) = -k_1 \cdot h \qquad\qquad (10-28)$$

然后对方程（10-27）、方程（10-28）两边取对数得：

$$e^a \cdot e^{\ln W_{C1}} = e^{-kh(\ln h - 1)} \tag{10-29}$$

$$e^c \cdot e^{\ln(W_{C1} - |W_{C1} - f|)} = e^{-k_1 \cdot h} \tag{10-30}$$

最后整理上述方程（10-29）、方程（10-30）可得：

$$W_{C1} = a \cdot e^{-kh(\ln h - 1)} \quad (a > 0, \ k > 0) \tag{10-31}$$

$$W_{C1} - |W_C - f| = c \cdot e^{-k_1 h} \quad (c > 0, \ k_1 > 0) \tag{10-32}$$

再将 W_{C1} 的结果带入上述第二个方程（10-32）即得到最终结果：

$$W_C = -a \cdot e^{-kh(\ln h - 1)} + c \cdot e^{-k_1 h} + f \ 或 \ W_C = a \cdot e^{-kh(\ln h - 1)} - c \cdot e^{-k_1 h} + f \tag{10-33}$$

可以统一记为：

$$W_C = a \cdot e^{-kh(\ln h - 1)} - c \cdot e^{-k_1 h} + f(a, \ c \in R; \ k, \ k_1 > 0) \tag{10-34}$$

该模型不仅考虑了植物生长对土壤水分的消耗和降水对土壤水分的补给，还考虑了前期土壤水分对当期土壤水分的影响。因此，该模型能够更加清晰、直观地表达土壤水分的变化特征。

根据上述的动力学模型以及微分方程对模型的求解，我们对土壤水分动力学模型有了初步的认识，在求解完模型的基础上，接下来应用因子分析更进一步展开对模型的认识，对土壤水和植被之间关系的认识，并且通过 SPSS 软件对土壤水分和植被之间的相关性进行分析。通过因子分析，我们能够更加清晰地认识到土壤水和植被之间的关系以及土壤水分的重要研究价值。若土壤水和植被之间存在明显的正相关关系，则能够说明土壤水含量越高，越有利于植被的生长。

10.3 土壤水分动力学模型的因子分析

土壤水分来源于大气降水和灌溉水，地下水上升和大气中水汽的凝结也是土壤水分的重要来源，土壤吸湿水的含量主要取决于空气的相对湿度和土壤质地，空气的相对湿度越大，水汽越多，土壤吸湿水的含量也越多，土壤质地越黏重，表面积越大，吸湿水量越多。此外，腐殖质含量多的土壤，吸湿水量也较多。水分由于在土壤中受到重力、毛管引力、水分子引力、土粒表面分子引力等各种力的作用，形成不同类型的土壤水分，具体包括地下土壤水分、地表土壤水分等，将他们量化并且运用数据，借用地下土壤水分含量、地表土壤水分含量、植被面积、土壤水分含量总量以及地下土壤水分含量和地表土壤水分含量的重复量共同对土壤水分和植被之间的关系进行分析。

在这里，我们运用地下土壤水分含量、植被面积、土壤水分含量总量、地表土壤水分含量、地表土壤水分含量与地下土壤水分含量的重复量五个变量进行SPSS 软件分析，其中地下土壤水分含量、土壤水分含量总量、地表土壤水分含量、地表土壤水分含量与地下土壤水分含量的重复量的单位为亿立方米，植被面积的单位为万公顷。

以下统计数据来源于国家统计局官网，地下土壤水分含量、植被面积、土壤水分含量总量、地表土壤水分含量、地表土壤水分含量与地下土壤水分含量的重复量均为 2001 年度到 2020 年度全国统计范围内的数据。

运用 SPSS 软件分析结果如表 10 - 1 至表 10 - 8 和图 10 - 1 所示。

表 10 - 1　相关性矩阵

	地下土壤水分含量	植被面积	土壤水分含量总量	地表土壤水分含量	地表土壤水分含量与地下土壤水分含量的重复量
地下土壤水分含量	1.000	- 0.782	0.900	0.336	0.951
植被面积	- 0.782	1.000	- 0.236	- 0.230	0.091
土壤水分含量总量	0.900	- 0.236	1.000	0.625	0.920
地表土壤水分含量	0.336	- 0.230	0.625	1.000	0.570
地表土壤水分含量与地下土壤水分含量的重复量	0.951	0.091	0.920	0.570	1.000

根据表 10 - 1 可以看出，地下土壤水分含量与植被面积、地下土壤水分含量

与土壤水分含量总量、地下土壤水分含量和地表土壤水分含量与地下土壤水分含量的重复量具有较高的相关系数，呈现较强的相关关系，地下土壤水分含量与地表土壤水分含量呈现相对较弱的正相关关系，当其相关系数的绝对值大于 0.75 时，变量之间具有较强的相关性。

表 10 − 2 为 KMO 和巴特利特检验，根据 KMO 检验，KMO 值越大表示数据越适合做因子分析，由表可知，其 KMO 值为 0.651 > 0.5，巴特利特球形度检验的 P 值为 0.000 < 0.05，根据检验标准可知其适合做因子分析，同时巴特利特球形度检验统计的观测值为 117.574，相对的显著性为 0，表明变量间存在较强的相关性。

表 10 − 2 KMO 和巴特利特检验

KMO 取样适切性量数		0.651
巴特利特球形度检验	近似卡方	117.574
	自由度	10
	显著性	0.000

表 10 − 3 为公因子方差表，该表给出了该次分析中从每个原始变量中提取的信息，可以看到，公共因子几乎包含了各个变量至少 80% 的信息。

表 10 − 3 公因子方差

	初始	提取
地下土壤水分含量	1.000	0.902
植被面积	1.000	0.896
土壤水分含量总量	1.000	0.955
地表土壤水分含量	1.000	0.554
地表土壤水分含量与地下土壤水分含量的重复量	1.000	0.972

由表 10-4 可以看出，最后结果集中了原始变量总信息的 85.55%，表明变量间存在较强的相关性，即土壤水分含量和植被之间具有较强的相关性，比较适合做因子分析，结果较为理想。

表 10-4　总方差解释

成分	总计	初始特征值方差百分比	累积/%	总计	提取载荷平方和方差百分比	累积/%	总计	旋转载荷平方和方差百分比	累积/%
1	3.24	64.92	64.92	3.24	64.92	64.92	3.11	62.33	62.33
2	1.03	20.62	85.55	1.03	20.62	85.55	1.16	23.21	85.55
3	0.648	12.96	98.51						
4	0.069	1.377	99.89						
5	0.005	0.108	100.0						

图 10-1 为碎石图，其横坐标为指定公因子的个数，纵坐标为特征值，根据该图可以看出，拐点出现在第 2 个与第 3 个特征根处，前两个因子的特征值都是大于 1 的，因而结合表 10-5 的结论，保留前两个因子较为理想，地下土壤水与植被面积的相关性较高，适合因子分析。

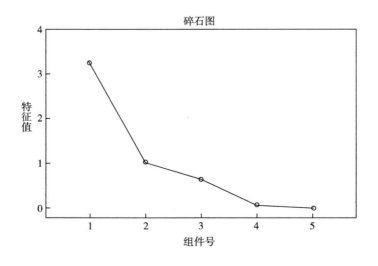

图 10-1　碎石图

表 10 - 5 为未旋转成分矩阵，我们不能直接看出公共因子在原始变量上的载荷有明显的差别，无法解释各个公共因子之间的关系，所以我们要进行因子旋转。

表 10 - 5 未旋转成分矩阵[a]

	成分	
	1	2
土壤水分含量总量	0.977	0.013
地表土壤水分含量与地下土壤水分含量的重复量	0.969	0.183
地下土壤水分含量	0.912	0.264
地表土壤水分含量	0.679	− 0.304
植被面积	− 0.245	0.914

注：①提取方法：主成分分析法。②a 表示提取了 2 个成分。

由表 10 - 6 旋转后的成分矩阵我们可以看到，第一个因子在地表土壤水分含量与地下土壤水分含量的重复量、土壤水分含量总量、地下土壤水分含量、地表土壤水分含量有较大的载荷，所以我们将因子 1 命名为土壤水分（F1），第二个因子在植被面积上有较大的载荷，所以我们将因子 2 命名为植被（F2）。

表 10 - 6 旋转后的成分矩阵[a]

	成分	
	1	2
地表土壤水分含量与地下土壤水分含量的重复量	0.984	− 0.057
土壤水分含量总量	0.951	− 0.224
地下土壤水分含量	0.949	0.035
地表土壤水分含量	0.785	− 0.459
植被面积	− 0.017	0.946

注：①提取方法：主成分分析法。②旋转方法：凯恺正态化最大方差法。③a 表示旋转在 3 次迭代后已收敛。

表 10 – 7　成分得分系数矩阵

	成分	
	1	2
地下土壤水分含量	0.334	0.180
植被面积	0.641	0.878
土壤水分含量总量	0.295	– 0.061
地表土壤水分含量	0.132	– 0.337
地表土壤水分含量与地下土壤水分含量的重复量	0.333	0.100

注：①提取方法：主成分分析法。②旋转方法：凯恺正态化最大方差法。

由表 10 – 4，我们可以计算出公共因子的权重

权重 = 因子的方差贡献率 ÷ 累计后的方差贡献率　　　　　　　　　（10 – 35）

由公式（3 – 35）得出：

F1 的权重 = 62.335% ÷ 85.551% = 0.729

F2 的权重 = 23.216% ÷ 85.551% = 0.271

由表 10 – 7 我们可以得出各个因子与公共因子之间的关系，将 F1 和 F2 的权重代入，得到各个因子的权重如下：

$0.334F1 + 0.180F2 = 0.292$

$0.641F1 + 0.878F2 = 0.705$

$0.295F1 – 0.061F2 = 0.198$

$0.132F1 – 0.337F2 = 0.005$

$0.333F1 + 0.100F2 = 0.269$

由权重我们可以看出植被面积所占的权重与地下土壤水分含量、土壤水分含量总量、地表土壤水分含量、地表土壤水分含量与地下土壤水分含量的重复量的权重之和大体相等，即我们可以知道土壤水分和植被之间是一种正相关的关系。

由表 10 – 8 成分转换矩阵可以看到，因子 1 和因子 2 之间存在正相关关系，而因子 1 为土壤水分，因子 2 为植被，所以我们得出土壤水分与植被之间存在正相关关系。

表 10-8 成分转换矩阵

成分	1	2
1	0.970	0.242
2	0.242	0.970

注：①提取方法：主成分分析法。②旋转方法：凯恺正态化最大方差法。

根据以上 SPSS 软件分析，我们能够看出土壤水和植被之间存在明显的正相关关系，说明土壤水分含量越高，其植被生物量越丰富。一般来说，当有降水进入土壤，土壤吸附能力达到饱和，此时土壤水分就得到了供给，即土壤水分十分充足，适合植被生长。对于土壤水分含量较低的干旱土壤，土壤吸附力非常强，当有降水进入土壤后，主要是土壤对降水的吸附过程，土壤达不到饱和，不利于植被生长。

土壤水的存在给生物提供了生存基础，土壤水的含量大小直接决定了是否适宜以及适宜何种生物生存，足以见得土壤水的重要研究意义和价值。

10.4 总结

本章首先借助土壤水分动力学模型，分别介绍了单变量、两变量、三变量和土壤水分动力学模型，其中，重点介绍了土壤水分动力学模型，土壤水分动力学模型考察的是地面上的植被及其组成的生态系统与土壤水分之间的关系，再利用微分方程求解知识，对土壤水分动力学模型进行求解，从动力学的角度出发考虑问题。其次对土壤水分和植被进行 SPSS 软件分析，由相关系数矩阵、KMO 检验和巴特利特球形检验，KMO 检验数值大于 0.5，巴特利特球形检验系数为 0.000，小于 0.05。由上述检验可以看出，每个因子之间具有较强的相关性，前两个因子的方差的累积贡献率已经达到了 85.551%。碎石图中前两个因子的特征值都大于 1，说明提取前两个因子即可，因子分析反应的现象一致，由成分转换矩阵可以看到，因子1（土壤水分）和因子2（植被）之间存在正相关关系，接着计算各个因子的权重，能够看出来因子1即土壤水分与因子2即植被之间是正向变动的关系。通过以上综合分析，一般来说，当有降水进入土壤，土壤吸附能力达到饱和，此时土壤水分就得到了供给，即土壤水分十分充足，适合植被生长。对于土壤水分含量较低的干旱土壤，土壤吸附力非常强，当有降水进入土壤后，主要是土壤对降水的吸附过程，土壤达不到饱和，不利于植被生长。土壤水分与生物量呈现明显的正相关关系，土壤水分的好坏直接决定着植被生物量的丰富程度。

附　录

本书数据来源于国家统计局官网，地下土壤水分含量、植被面积、土壤水分含量总量、地表土壤水分含量、地表土壤水分含量与地下土壤水分含量的重复量均为 2001～2020 年度全国统计范围内的数据。

年份	地下土壤水分含量 （亿立方米）	植被面积 （万公顷）	土壤水分含量 总量（亿立方米）
2001	7276.8	29356.24	27336.9
2002	7285.2	29312.51	25644.0
2003	7756.9	29676.40	26981.0
2004	7436.3	302860.70	24129.6
2005	8091.1	30598.41	28053.1
2006	7642.9	30590.41	25330.1
2007	7617.2	30766.41	25255.2
2008	8122.0	305897.41	27434.3
2009	7267.0	31259.80	24180.2
2010	8417.0	31267.60	30906.4
2011	7214.5	31586.98	23256.7

续表

年份	地下土壤水分含量 （亿立方米）	植被面积 （万公顷）	土壤水分含量 总量（亿立方米）
2012	8296.4	31259.70	29528.8
2013	8081.1	31345.90	27957.9
2014	7745.0	32591.12	27266.9
2015	7797.0	32685.70	27962.6
2016	8854.8	32591.12	32466.4
2017	8309.6	32457.9	28761.2
2018	8246.5	32565.12	27462.5
2019	8191.5	32791.12	29041.0
2020	8433.6	32591.12	30963.0

年份	地表土壤水分含量 （亿立方米）	地表土壤水分含量与地下土壤水分 含量的重复量（亿立方米）
2001	36898.5	6755.0
2002	25561.9	6389.1
2003	27659.8	6719.8
2004	23126.4	6433.1
2005	26982.4	7020.4
2006	24358.1	6670.8
2007	24242.5	6604.5
2008	26377.0	7064.7
2009	23125.2	6212.1
2010	29797.6	7308.2
2011	22213.6	6171.4
2012	28373.3	7140.9
2013	26839.5	6962.7
2014	26263.9	6742
2015	26900.8	6735.2
2016	31273.9	7662.3
2017	27746.3	7294.7
2018	26323.2	7107.2
2019	27993.3	7143.8
2020	26388.9	7066.9

参考文献

［1］包塔娜．基于京津冀协同发展战略的内蒙古接壤地区土地利用优化研究［D］．内蒙古师范大学硕士学位论文，2018.

［2］宝音，包玉海．内蒙古土地资源及其持续利用［J］．地理科学，2000（5）：478－482.

［3］蔡鸿昆，雷添杰，程慧，等．旱情监测指标体系研究进展［J］．水利水电技术，2020，5（1）：77－87.

［4］蔡新冬，赵天宇，张伶伶．"修补"城市——哈尔滨市博物馆广场区域改造设计［J］．城市规划，2006，3（12）：93－96.

［5］蔡玉梅，刘彦随，宇振荣，等．土地利用变化空间模拟的进展——CLUB—S模型及其应用［J］．地理科学进展，2004（4）：63－71，115.

［6］曹天邦，朱晓华，肖彬，等．土地利用类型分布的分形结构及其应用——以江苏省扬中县丰裕镇为例［J］．地域研究与开发，1999，18（4）：9－12.

［7］曹泽强，朱笑笑，周立．2001—2016年徐州市区土地利用类型时空演变［J］．北京测绘，2021，35（1）：46－50.

［8］查爱苹，邱洁威，黄瑾，等．条件价值法若干问题研究［J］．旅游学刊，2013，28（4）：25－34.

［9］查爱苹，邱洁威．条件价值法评估旅游资源游憩价值的效度检验——以杭州西湖风景名胜区为例［J］．人文地理，2016，31（1）：154－160.

［10］陈花丹，郭国英，岳新建，等．福建省森林生态系统服务功能价值评估［J］．林业勘察设计，2018，38（1）：5－10.

［11］陈敏．新时代中国生态文明制度建设研究［D］．山东大学硕士学位论文，2020.

［12］陈其春，吕成文，李壁成，等．县级尺度土地利用结构特征定量分析［J］．农业工程学报，2009，25（1）：223－231.

［13］陈雅琳，常学礼，崔步礼，宋彦华．库布齐沙漠典型地区沙漠化动态分析［J］．中国沙漠，2008（1）：27－34.

［14］陈亚宁，陈忠升．干旱区绿洲演变与适宜发展规模研究——以塔里木河流域为例［J］．中国生态农业学报，2013，21（1）：134－140.

［15］陈艳．鄂尔多斯市造林总场森林抚育浅析［J］．内蒙古林业调查设计，2019，42（2）：9－10.

［16］陈又萍，毛利伟．论现代城市规划的"修补"方法［J］．建筑知识，2014（2）：105.

［17］成波，李怀恩，黄康，等．基于河道生态基流保障的农田生态系统服务价值损失量研究［J］．水资源与水工程学报，2018，29（4）：255－260.

［18］代宏文．澳大利亚矿山复垦现状［J］．中国土地科学，1995，9（4）：44－47.

［19］戴君虎，王焕炯，王红丽，等．生态系统服务价值评估理论框架与生态补偿实践［J］．地理科学进展，2012，31（7）：963－969.

［20］戴钦．煤炭矿区生态恢复与对策研究［D］．哈尔滨工业大学硕士学位论文，2006.

［21］党晓鹏，蔡延玲．青海省森林生态系统服务功能价值评估研究［J］．林业调查规划，2019，44（5）：91－100.

［22］丁涛，张武文．呼和浩特市土地利用变化分析［J］．人力资源管理，2013（11）：219－220.

［23］董雪玲，刘大锰．煤炭开发中的环境污染及防治措施［R］．煤炭科

学技术, 2005 (5) 67 - 69, 71.

[24] 董雪旺, 张捷, 刘传华, 等. 条件价值法中的偏差分析及信度和效度检验——以九寨沟游憩价值评估为例 [J]. 地理学报, 2011, 66 (2): 267 - 278.

[25] 杜倩倩, 张瑞红, 马本. 生态系统服务价值估算与生态补偿机制研究——以北京市怀柔区为例 [J]. 生态经济, 2017, 33 (11): 146 - 152, 176.

[26] 鄂竟平. 积极探索水土保持生态补偿机制 努力实现生态保护和经济发展双赢 [J]. 中国水土保持, 2008 (10): 1 - 2.

[27] 范学恭. 内蒙古煤炭矿区生态环境治理战略研究 [D]. 内蒙古大学硕士学位论文, 2012.

[28] 范云. 马鞍山市森林生态系统服务功能价值评估与分析 [J]. 江苏林业科技, 2019 (6): 1 - 6.

[29] 方印. 我国生态修复法律制度立法若干问题思考生态安全与环境风险防范法治建设 [C]. 2011 年全国环境资源法学研讨会论文集, 2011.

[30] 冯谦诚, 王焕榜. 土壤水资源评价方法的探索 [J]. 水文, 1990 (4): 28 - 32.

[31] 傅伯杰, 刘国华, 陈利顶, 等. 中国生态区划方案 [J]. 生态学报, 2001 (1): 1 - 6.

[32] 傅伯杰, 于丹丹. 生态系统服务权衡与集成方法 [J]. 资源科学, 2016, 38 (1): 1 - 9.

[33] 耿殿明, 姜福兴. 我国煤炭矿区生态环境问题分析 [J]. 煤矿环境保护, 2002 (6): 5 - 9.

[34] 关瑞峰. 呼和浩特市土地利用变化分析 [J]. 内蒙古林业调查设计, 2020, 43 (2): 56, 94 - 95.

[35] 郭彪, 王尚义, 牛俊杰, 等. 晋西北不同植被类型土壤水分时空变化特征 [J]. 水土保持通报, 2015, 35 (1): 267 - 273.

[36] 郭彩赟, 韩致文, 李爱敏, 等. 库布齐沙漠生态治理与开发利用的典

型模式［J］．西北师范大学学报（自然科学版），2017，53（1）：112－118.

［37］郭椿阳，高建华，樊鹏飞，等．基于格网尺度的永城市土地利用转型研究与热点探测［J］．中国土地科学，2016，30（4）：43－51.

［38］郭德贵．我对现金流量表的几点认识［J］．财会通讯，1998（7）：42－44.

［39］郭中伟，李典谟．湖北省兴山县移民安置区内生态系统的管理［J］．应用生态学报，2000，11（6）：819－826.

［40］国家林业局．中国荒漠化和沙化状况公报［N］．中国绿色时报，2005－06－15（003）.

［41］韩帅，甄江红．基于灰色多目标线性规划的土地利用结构优化研究——以呼和浩特市区为例［J］．湖南工业职业技术学院学报，2019，19（5）：33－37.

［42］韩晔．西安都市圈农业生态系统服务权衡与协同关系及其驱动力研究［D］．陕西师范大学硕士学位论文，2016.

［43］郝寿义，安虎森．区域经济学［M］．北京：经济科学出版社，1999.

［44］何新，姜光辉，张瑞娟，等．基于PSR模型的土地生态系统健康时空变化分析——以北京市平谷区为例［J］．自然资源学报，2015（12）：57－58.

［45］侯娟娟，马莉．论西部地区土地资源的可持续利用［J］．甘肃农业，2008（12）：38－39.

［46］胡振琪．土地复垦与生态重建［M］．徐州：中国矿业大学出版社，2008.

［47］胡志娟．河北省土地资源可持续利用综合评价研究［D］．石家庄经济学院硕士学位论文，2014.

［48］黄江效，上官卉彦，吴一凡．惠安县森林生态系统服务功能价值评估［J］．江西农业学报，2014，26（1）：102－106.

［49］黄佩．基于综合评价模型的阿坝州土地可持续利用评价［J］．当代经济，2018（19）：89－91.

［50］惠利，陈锐钒，黄斌．新结构经济学视角下资源型城市高质量发展研究——以德国鲁尔区的产业转型与战略选择为例［J］．宏观质量研究，2020（5）：100 – 113.

［51］姜泓宇，陆沛文，吕喆，等．改革开放后房地产经济发展现状及对策［J］．环球市场信息导报，2018（30）：32 – 33.

［52］姜楠，贾宝全，宋宜昊．基于 Logistic 回归模型的北京市耕地变化驱动力分析［J］．干旱区研究，2017（6）：1 – 9.

［53］蒋缠文．渭南市土地可持续利用综合评价［J］．贵州农业科学，2018（8）：166 – 169.

［54］蒋文林．江华瑶族自治县森林生态服务功能评价研究［D］．中南林业科技大学硕士学位论文，2019.

［55］焦居仁．生态修复的要点与思考［J］．中国水土保持，2003（2）：1 – 2.

［56］介勇，刘彦随．三亚市土地利用/覆被变化及其驱动机制研究［J］．自然资源学报，2009，24（8）：1458 – 1466.

［57］金山，赵峰，任建红．论呼和浩特市土地资源的可持续利用［J］．内蒙古科技与经济，2004（13）：26 – 27.

［58］康绍忠．计算与预报农田蒸散量的动力学模型研究［J］．西北农业大学学报，1986，14（1）：90 – 101.

［59］康世勇．神东 2 亿 t 煤都荒漠化生态环境修复　零缺陷建设绿色矿区技术［J］．能源科技，2020（1）：18 – 24.

［60］克雷·帐利普，维克多·伯纳德，保罗·希利．经营透视：企业分析与评价［M］．李延钰等译．大连：东北财经大学出版社，1998.

［61］雷冬梅，徐晓勇，段昌群．矿区生态恢复与生态管理的理论及实证研究［M］．北京：经济科学出版社，2012.

［62］李大侃．常微分方程数值解［M］．杭州：浙江大学出版社，1957.

［63］李会杰，张宏敏，孙敬克，等．基于模拟旅行费用法的城郊农田休闲

娱乐生态服务价值评估——以平顶山地区为例［J］. 中国农业资源与区划，2017，38（3）：153－160.

［64］李苗，臧淑英，吴长山，等. 哈尔滨市城乡结合部不透水面时空变化及驱动力分析［J］. 地理学报，2017，72（1）：105－115.

［65］李闽. 美国露天开采控制与复垦法及其启示［J］. 国土资源，2003（11）：52－53.

［66］李英，张红日，杨世寨，等. 房地产业及其可持续发展的思考［J］. 山东科技大学学报（社会科学版），2001（3）：61－63，68.

［67］李挚萍. 环境修复法律制度探析［J］. 法学评论，2013，31（2）：103－109.

［68］李挚萍. 建立完善环境修复制度迫在眉睫［J］. 环境，2012（7）：16－18.

［69］梁庆伟，张晴晴，娜日苏，等. 赤峰市牧草产业发展特点、存在的问题及发展对策［J］. 黑龙江畜牧兽医，2019（6）：7－10.

［70］刘昌明，窦清晨. 土壤—植物—大气连续体模型中的蒸散发计算［J］. 水科学进展，1992（4）：256－263.

［71］刘昌明. 水量转换［M］. 北京：科学出版社，1988.

［72］刘东红，周文佐，何万华，等. 土地可持续利用评价与诊断——以安徽省为例［J］. 江西农业学报，2018（2）：129－134.

［73］刘纪远. 中国资源环境遥感宏观调查与动态研究［M］. 北京：中国科学技术出版社，1996.

［74］刘林，刘炳炳. 资源型城市转型战略思考——以内蒙乌海市为例［J］. 国土与自然资源研究，2013.

［75］刘润萍. 广州市城市土地可持续利用评价及对策［J］. 中国资源综合利用，2018（7）：82－84.

［76］刘同德，赵黎明. 青藏高原区域可持续发展研究——由 PRED 模型到 SRED 模型［J］. 江苏科技信息（学术研究），2009（2）：19－23.

［77］刘曦，刘经伟．东北国有林区森林生态系统服务功能价值量的监测与评估［J］．东北林业大学学报，2020（8）：66－71.

［78］刘祗坤，吴全，苏根成．土地利用类型变化与生态系统服务价值分析——以赤峰市农牧交错带为例［J］．中国农业资源与区划，2015（3）：56－61.

［79］鲁的苗．基于能值分析的无锡市生态系统健康评价研究［D］．南京大学硕士学位论文，2017.

［80］路昌．肇源县土地利用结构优化研究［D］．东北农业大学硕士学位论文，2014.

［81］吕广林．鄂尔多斯市造林总场天然林资源保护工程二期建设浅析［J］．林业建设，2019（5）：30－33.

［82］吕名扬．资源枯竭型城市产业转型规划研究——以乌海市海勃湾生态涵养区规划为例［J］．安徽建筑，2020（7）：24－25.

［83］吕泽浩，成佳慧，姚柳杉，等．河套平原和库布齐沙漠环境差异性分析［J］．绿色科技，2020（10）：207－209.

［84］罗康隆．多民族国家生态环境修复的文化差异性分析［J］．广西民族研究，2014（2）：42－48.

［85］马会瑶．北方农牧交错带生态环境变化遥感评估［D］．内蒙古大学硕士学位论文，2019.

［86］马艳萍，黄宁．植被与风蚀耦合动力学模型及其应用［J］．中国沙漠，2011（3）：665－671.

［87］欧阳志云，王如松．生态系统服务功能、生态价值与可持续发展［J］．世界科技研究与发展，2000（5）：45－50.

［88］欧阳志云，王效科，苗鸿．中国陆地生态系统服务功能及其生态经济价值的初步研究［J］．生态学报，1999（5）：19－25.

［89］潘志峰．非凡之年逆势前行　全区经济社会发展再上新台阶——《2020年内蒙古自治区国民经济和社会发展统计公报》评读［J］．北方经济，2021（3）：6－8.

［90］潘志峰．经济发展有韧性民生改善有保障——《内蒙古自治区 2019 年国民经济和社会发展统计公报》评读［J］．北方经济，2020（3）：4－6.

［91］庞卫东．探析我国房地产经济发展现状及其发展趋势［J］．中国产经，2020（12）：95－96.

［92］庞晓燕．内蒙古大青山自然保护区森林生态系统服务功能及其价值评估［J］．内蒙古林业调查设计，2017，40（2）：44－47.

［93］彭少麟，赵平，申卫军．了解和恢复生态系统——第 87 届美国生态学学会暨第 14 届国际恢复生态学大会［J］．热带亚热带植物学报，2002，10（3）：293－294.

［94］彭少麟．退化生态系统恢复与恢复生态学［J］．中国基础科学，2001（3）：19－24.

［95］骈永富．房地产业必须走可持续发展的道路［J］．中国房地产，2003（11）：34－35.

［96］任平，陈文斌．小兴安岭森林生态系统服务价值评估［J］．林业科技情报，2020，52（2）：1－4.

［97］沈镭．我国资源型城市转型的理论与案例研究［D］．中国科学院研究生院（地理科学与资源研究所）硕士学位论文，2005.

［98］史晓燕．民勤和临泽绿洲——荒漠过渡带几种植物耐旱机制的研究［D］．兰州大学硕士学位论文，2007.

［99］双叶．呼和浩特市土地利用变化的社会经济效应研究［D］．内蒙古师范大学硕士学位论文，2018.

［100］孙刚，盛连喜，冯江．生态系统服务的功能分类与价值分类［J］．环境科学动态，2000（1）：19－22.

［101］孙鸿烈，慈龙骏．加强荒漠化防治、改善生态环境，减少沙尘暴灾害［M］∥胡鞍钢．国情报告．北京：党建读物出版社、社会科学文献出版社，2012.

［102］孙庆先，胡振琪．中国矿业的环境影响及可持续发展［J］．中国矿

业，2003，12（7）：23-26.

［103］孙兴辉．呼和浩特市土地利用变化与可持续利用对策分析［J］．经济论坛，2012（12）：38-41.

［104］孙哲．绿色建筑全寿命周期技术经济分析［D］．江西理工大学硕士学位论文，2008.

［105］塔吉古丽·艾麦提，努尔巴依·阿布都沙力克，努热曼古丽·图尔孙．新疆巴尔鲁克山自然保护区森林生态系统服务功能价值评估［J］．北京联合大学学报，2014，28（1）：44-50.

［106］覃肖良，孙梓淳，刘黎明．基于三角模型的广西石灰岩山区土地可持续利用综合效应评价研究［J］．中国农学通报，2019（17）：40-47.

［107］谭杰．煤炭矿区生态修复发展现状及问题探讨［J］．能源环境保护，2018（5）：45-47.

［108］涛力．鄂尔多斯市造林总场防护林经营管理初探［J］．内蒙古林业调查设计，2020，43（6）：25-26，40.

［109］童国辉．呼和浩特市土地利用变化及影响因素研究［D］．内蒙古农业大学硕士学位论文，2014.

［110］童李霞．三江源区草地生态系统服务功能价值遥感估算研究［D］，山东科技大学硕士学位论文，2017.

［111］王澄海．气候变化与荒漠化［M］．北京：气象出版社，2003.

［112］王高雄．常微分方程．3版［M］．北京：高等教育出版社，2016.

［113］王国玲．资源转型背景下乌海市生态城市规划研究［D］．天津大学硕士学位论文，2016.

［114］王宏亮，郝晋珉，高阳，等．基于多模型测度的内蒙古土地利用动态变化分析［J］．中国农业大学学报，2017，22（4）：59-66.

［115］王欢欢．污染土壤修复标准制度初探［J］．法商研究，2016，173（3）：54-62.

［116］王健胜，刘沛松，文祯中．低山丘陵区不同植被恢复模式下土壤水分

特征研究 ［J］. 河南农业科学，2013，42（12）：56 - 60.

［117］王菁. 浅析我国房地产经济发展现状及未来发展趋势 ［J］. 财经界，2020（13）：28 - 29.

［118］王军，钟莉娜，应凌霄. 土地整治对生态系统服务影响研究综述 ［J］. 生态与农村环境学报，2018，34（9）：803 - 812.

［119］王磊，万欣，王火. 江苏长江沿岸森林生态系统服务功能价值评估 ［J］. 江苏林业科技，2020（3）：16 - 21，45.

［120］王如松，周启星，胡聃. 城市生态调控方法 ［M］. 北京：气象出版社，2000.

［121］王睿，杨国靖. 库布齐沙漠东缘防沙治沙生态效益评价 ［J］. 水土保持通报，2018，38（5）：174 - 179，188.

［122］王思义. 基于生态系统服务价值理论的土地整治生态效益评价 ［D］. 华中师范大学硕士学位论文，2013.

［123］王文彬. 水产品市场面临全面盘整 ［N］. 中国渔业报，2004 - 10 - 25.

［124］王晓峰，洪钟，李金才，等. 赤峰市耕地保护与利用问题及解决建议 ［J］. 中国农技推广，2018，34（12）：65 - 67.

［125］王奕璇，张志斌，王仁慈. 基于地理国情监测的兰州新区土地利用时空演变分析 ［J］. 甘肃农业大学学报，2021，56（1）：149 - 159.

［126］王玉涛，张蕾. 矿产资源开发与环境保护协调发展——以鄂尔多斯市为例 ［J］. 经济论坛，2015（10）：88 - 89，122.

［127］魏长源. 南平茫荡山国家级自然保护区森林生态系统服务功能价值评估 ［J］. 林业调查规划，2019（5）：101 - 104，137.

［128］魏巍，张稳定. 库布齐沙漠治理对京津冀地区空气质量影响：2017年5月3 - 6日沙尘天气模拟 ［J］. 中国沙漠，2020，40（1）：77 - 87.

［129］魏旭. 生态修复制度基本范畴初探 ［J］. 甘肃政法学院学报，2016（1）：1 - 10.

［130］邬玉琴. 大巴山自然保护区森林生态系统服务价值评价 ［D］. 重庆

师范大学硕士学位论文，2018.

　　［131］吴玲玲，陆健健，童春富，等．长江口湿地生态系统服务功能价值的评估［J］．长江流域资源与环境，2003，12（5）：411－416.

　　［132］吴鹏．浅析生态修复的法律定义［J］．环境与可持续发展，2011，36（3）：63－66.

　　［133］吴鹏．生态修复法律概念之辩及其制度完善对策［J］．中国地质大学学报（社会科学版），2018（1）：40－46.

　　［134］吴强，PENG Yuanying，马恒运，等．森林生态系统服务价值及其补偿校准——以马尾松林为例［J］．生态学报，2019，39（1）：117－130.

　　［135］吴全忠，常欣，程序．黄土丘陵区柳枝稷生物量与土壤水分的动力学研究［J］．扬州大学学报（农业与生命科学版），2005，26（4）：70－73.

　　［136］吴越．新城建设与都市功能的修补激活［J］．建筑与文化，2007，3（37）：13－14.

　　［137］吴泽宁，余弘婧．遥感计算土壤含水量方法的比较研究［J］．灌溉排水学，2004，23（2）：69－72.

　　［138］肖强，肖洋，欧阳志云，等．重庆市森林生态系统服务功能价值评估［J］．生态学报，2014，34（1）：1－7.

　　［139］肖中琪，张毓涛，李吉玫．新疆森林生态系统服务功能价值评估［J］．新疆大学学报（自然科学版），2019（4）：483－490.

　　［140］谢高地，鲁春霞，成升魁．全球生态系统价值评估研究进展［J］．资源科学，2001，23（6）：5－9.

　　［141］谢高地，张彩霞，张雷明．基于单位面积价值当量因子的生态系统服务价值化方法改进［J］．自然资源学报，2015，30（8）：1243－1254.

　　［142］辛琨，肖笃宁．生态系统服务功能研究简述［J］．中国人口·资源与环境，2000，10（3）：20－22.

　　［143］邢晓琳．云南临沧澜沧江自然保护区双江片区森林生态系统服务功能价值评估［J］．陕西林业科技，2020（1）：50－54.

［144］徐伟华．资源型城市的转型发展研究——以乌海市为例［J］．管理观察，2014（22）：58－59．

［145］徐旭平．江西省森林生态系统综合效益评估的研究［D］．浙江农林大学硕士学位论文，2019．

［146］徐志刚，马瑞，于秀波，等．成本效益、政策机制与生态恢复建设的可持续发展——整体视角下对我国生态保护建设工程及政策的评价［J］．中国软科学，2010（2）：5－13．

［147］许晴，许中旗，王英舜．禁牧对典型草原生态系统服务功能影响的价值评价［J］．草业科学，2012，29（3）：364－369．

［148］薛达元．生物多样性经济价值评估——长白山自然保护区案例研究［M］．北京：中国环境科学出版社，1997．

［149］杨邦杰．土壤蒸发过程的数值模型及其应用［M］．北京：学术书刊出版社，1989．

［150］杨访弟，张永胜．西北季节性河流生态环境需水量研究［J］．水利规划与计划，2018（8）：72－74．

［151］杨洁，谢保鹏，张德罡．黄河流域生境质量时空演变及其影响因素［J］．中国沙漠，2021（4）：1－11．

［152］杨静雅．呼和浩特市土地利用现状对生态环境的影响分析［J］．内蒙古科技与经济，2015（10）：48－50．

［153］杨青，刘耕源．森林生态系统服务价值非货币量核算：以京津冀城市群为例［J］．应用生态学报，2018，29（11）：3747－3759．

［154］杨阳，唐晓岚，李哲惠，贾艳艳．长江流域土地利用景观格局时空演变及驱动因子——以2008—2018年为例［J］．西北林学院学报，2021，36（2）：220－230．

［155］姚喜军，吴全，靳晓雯，等．内蒙古土地资源利用现状评述与可持续利用对策研究［J］．干旱区资源与环境，2018（9）：76－83．

［156］余新晓，秦永胜，陈丽华，等．北京山地森林生态系统服务功能及其

价值初步研究［J］．生态学报，2002，22（5）：783－786.

［157］袁日阳．内蒙古大青山国家级自然保护区鸟类兽类物种多样性调查［D］．内蒙古师范大学硕士学位论文，2019.

［158］曾晓东，王爱慧，赵刚，等．草原生态动力学模式及其实际检验［J］．中国科学，2004，34（5）：481－486.

［159］张超，张长平，杨伟民．计量地理学导论［M］．北京：高等教育出版社，1983.

［160］张华，张勃．国际土地利用/覆盖变化模型研究综述［J］．自然资源学报，2005（3）：422－431.

［161］张强，范建红，雷汝林．区域土地生态功能区划及环境友好型土地模式分析——以佛山市南海区为例［J］．安徽农业科学，2007（6）：1686－1688.

［162］张荣金，张马根．江西赣江源自然保护区森林生态系统服务功能价值初步评价［J］．花卉，2019（18）：257－258.

［163］张文霞，管东生．矿产资源开发与生态恢复机制构建［J］．环境科学，2008（8）：20－24.

［164］张晓锁．基于生态系统服务理论的土地整理生态效益研究［D］．华中农业大学硕士学位论文，2009.

［165］张晓云，范婷婷，殷健，等．基于城市修补理念的工业遗产保护与利用探索——以铁西区卫工明渠沿线规划与实践为例［J］．城市规划，2016（1）：69－73.

［166］张翼然，周德民，刘苗．中国内陆湿地生态系统服务价值评估二——以71个湿地案例点为数据源［J］．生态学报，2015，35（13）：4279－4286.

［167］张月莲，王亚丽．资源型城市经济转型研究——以太原市为例［J］．山西财税，2020，491（1）：31－33.

［168］赵福年，王润元，王莺，等．干旱过程时空尺度及干旱指数构建机制的探讨［J］．灾学，2018，33（4）：32－39.

［169］赵景柱，肖寒，吴刚．生态系统服务的物质量与价值量评价方法的比

较分析［J］.应用生态学报，2000，11（2）：290-292.

［170］赵苗苗，赵海凤，李仁强，等，青海省1998—2012年草地生态系统服务功能价值评估［J］.自然资源学报，2017，32（3）：418-433.

［171］郑海潮.呼包鄂土地利用综合效益与城市化耦合协调研究［D］.内蒙古科技大学硕士学位论文，2019.

［172］郑姚闽，张海英，牛振国，等.中国国家级湿地自然保护区保护成效初步评估［J］.科学通报，2012（4）：207-230.

［173］郑玉峰，奇奕轩，全宇，等.库布齐沙漠及周边地区五十年气候变化特征［J］.内蒙古林业科技，2019，45（4）：47-49.

［174］周启星，等.生态修复［M］.北京：中国环境科学出版社，2006.

［175］周双艳.城市土地利用结构与综合效益研究［D］.内蒙古师范大学，2015.

［176］周文昌，史玉虎，潘磊，等.神农架林区大九湖湿地生态系统服务价值评价［J］.水土保持通报，2018（1）：208-213.

［177］周宇.水生态系统服务价值评估方法分析［J］.现代商业，2010（8）：78-79.

［178］朱立安，胡羡聪，柯欢.佛山市城市森林生态系统服务价值估算研究［J］.西南师范大学学报（自然科学版），2020（3）：137-142.

［179］庄大方，刘纪远.中国土地利用程度的区域分异模型研究［J］.自然资源学报，1997（2）：10-16.

［180］邹学勇，张春来，程宏，等.土壤风蚀模型中的影响因子分类与表达［J］.地球科学进展，2014，29（8）：875-889.

［181］Alexander G G, Allan J D. Ecological Success in Stream Restoration: Case Studies from the Midwestern United States［J］. Environmental Management，2007，40（2）：245-255.

［182］Anand M, Desrochers R E. Quantification of Restoration Success Using Complex Systems Concepts and Models［J］. Restoration Ecology，2004，12（1）：

117 - 123.

[183] Aranbaev M P. The Effect of Soil Cover Structure and Minerals Nutrition Levels on Biological Productivity of Agriculture Eco – system in Irrigation Zone of Soviet Central Asia [J] . Agriculture Ecosystem Research (in Russian), 1977 (2): 150 – 165.

[184] Bradshaw A D. Restoration Ecology as a Science [J] . Restoration Ecology, 2006, 1 (2): 71 –73.

[185] Cairms. Restoratio Ecology [J] . Encyclopedia of Envioonmental Bilolgy, 1995 (3): 223 –235.

[186] Clark M J, Kenneth J G, Angel M G. Horizons in Physical Geography [M] . New Jersey: Macmillan Education, 1987.

[187] Constanza R, Arge R, Groot R. The Value of the World's Ecosystem Services and Natural Capital [J] . Nature, 1997 (386): 253 –260.

[188] Costanza, Arge, Grootetc. The Value of the World's Ecosystem Services and Natural Capital [J] . Nature, 1997 (386): 253 –260.

[189] Daily. Nature's Service: Societal Dependence on Natural Ecosystem [M] . Washington D. C. : Island Press, 1997.

[190] Erb K, Niedertscheider M, Dietrich J P, et al. Conceptual and Empirical Approaches to Mapping and Quantifying [J] . Land – Use Intensity, 2014 (6): 1 –86.

[191] Falcucci A, Maioraro L, Boitani L. Changes in Land – use/Land – cover Patterns in Italy And Their Implications for Biodiversity Conservation [J] . Landscape Ecology, 2006, 22 (4): 617 –631.

[192] Hobbs R J. Ecological Management and Restoration: Assessment, Setting Goals and Measuring Success [J] . Ecological Management & Restoration, 2003, 4 (S1): S2 – S3.

[193] Holder, Ehrlich. Human Population and Global Environment [J] . American Scientist, 1974, 62 (3): 282 –297.

［194］Jackson L L，D Lopoukine，D Hill Yard. Ecology Restoration：A Definition and Comments ［J］. Restoration Ecology，1995，3（2）：71 – 75.

［195］Jenifer J Schulz，Luis Cayuela，Cristian Echeverria，et al. Monitoring Land Cover Change of the Dryland Forest Landscape of Central Chile（1975 – 2008）［J］. Applied Geography，2009，30（3）：436 – 447.

［196］Jianfa Shen. Population Growth，Ecological Degradation and Construction in the Western Region of China ［J］. Journal of Contemporary China，2004，13（41）：637 – 661.

［197］Jianguo L，Jared D. China's Environment in a Globalizing World ［J］. Nature，2005，435（46）：1179 – 1186.

［198］Jones C G，Lawton J H，Shachak M. Organisms as Ecosystem Engineers ［J］. Oikos，1994，69（3）：358 – 361.

［199］Jordan W R，Gilpin M E，Albert J D. Restoration Ecology：Ecological Restoration as a Technique for Basic Research ［A］. Restoration Ecology：A Synthetic Approach to Ecological Research（Jordan W R，et al.）［M］. Cambridge：Cambridge University Press，1987.

［200］Jordan W. "Sunflower Forest"：Ecological Restoration as the Basis for a New Environmental Paradigm ［J］//A. D. J. Bald Wined. Beyond Preservation：Restoring for Assembly Rules in the Service of Conservation ［J］. Wetland，1995，9（4）：716 – 732.

［201］Josep L，Nuria Z，David C，Victoria R. Biological and Socioeconomic Implications of Recreational Boat Fishing for the Management of Fishery Resources in the Marine Reserve of Cap de Creus（NW Mediterranean）［J］. Fisheries Research，2008，91（2 – 3）：252 – 259.

［202］Lake P S. On the Maturing of Restoration：Linking Ecological Research and Restoration ［J］. Ecological Management & Restoration，2001，2（2）：110 – 115.

[203] M M van Katwijk, A R Bos V N, de Jonge, et al. Guidelines for Seagra. Restoration: Importance of Habitat Selection and Donor Population, Spreading of Risks, and Ecosystem Enginee Ring Effects [J]. Marine Pollution Bulletin, 2009 (58): 179 – 188.

[204] MA (Millennium Ecosystem Assessment). Ecosystem and Human Well Being [M]. Washington D. C.: Island Press, 2005.

[205] Pretch W F. Coral Reef Restoration Handbook [M]. Florida: CCR Press, 2006.

[206] Robert A, Martin B, Erik F. Understanding the Heterogeneity of Recreational Anglers Across an Urban – Rural Gradient in a Tropolitan Area (Berlin, Germany), with Implications for Fisheries Management [J]. Fisheries Research, 2008, 92 (1): 53 – 62.

[207] Ronald W D Mitchell, Osamu Baba, Gary Jackson. Comparing Management of Recreational Pagrus Fisheries in Shark Bay (Australia) and Sagami Bay (Japan): Conventional Catch Controls Versus Stock Enhancement [J]. Marine Policy, 2008, 32 (1): 27 – 37.

[208] Sangermano F, Toledano J, Eastman J R. Land Cover Change in the Bolivian Amazon and Itsimplications for Red and Endemic Biodiversity [J]. Landscape Ecology, 2012, 27 (4): 571 – 584.

[209] Stanturf J A, Schoenholtz S H, Schweitzer C J, et al. Achieving Restoration Success: Myths in Bottomland Hardwood Forests [J]. Restoration Ecology, 2001, 9 (2): 189 – 200.

[210] Steven J Cooke, David P Philipp. Behavior and Mortality of Caught and Released Bonefish (Albulaspp) in Bahamian Waters with Implications for a Sustainable Recreational Fishery [J]. Biological Conservation, 2004, 118 (5): 599 – 607.

[211] Steven J Cooke, Lynne U Sneddon. Animal Welfare Perspectives on Recreational Angling [J]. Applied Animal Behaviour Science, 2007, 104 (3 – 4):

176 – 198.

［212］ Terefe Tolessa, Feyera Senbeta, Moges Kidane. The Impact of Land Use/Land Cover Change on Ecosystem Services in the Central Highlands of Ethiopia ［J］. Ecosystem Services, 2017, 23 （2）: 47 – 54.

［213］ Turner B L, Skole D, Fischer G, et al. Land – use and Land – cover Change: Science/Research Plan ［R］. IGBP Report No. 35 and IHDP Report No. 7, Stockholm and Geneva, 1995.

［214］ Weiqing Meng, Beibei Hu, Mengxuan He, et al. Temporal – spatial Variations and Driving Factors Analysis of Coastal Reclamation in China ［J］. Estuarine, Coastal and Shelf Science, 2017, 191 （15）: 39 – 49.

［215］ Zhou D, Zhao X, Hu H, et al. Longterm Vegetation Changes in the four Mega – sandy Lands in Inner Mongolia, China ［J］. Landscape Ecology, 2015, 30 （9）: 1613 – 1626.